Francisco M. Richard

Electricidad

**Residencial, Comercial, e Industrial,
Energía Renovable, no Renovable, y Alternativa.
Diagramas de Instrumentos Eléctricos, y electrónicos.**

Legal

Este libro no podrá ser reproducido, ni total ni parcialmente, sin el previo permiso escrito del autor. Todos los derechos reservados.

Por el autor:
Francisco M. Richard
Copyright: Abril 15-2010
(Derecho reservado)
Copyright del autor a través de la librería del Congreso de los Estados Unidos de América.
ISBN:TXu 1-743-596

Copyright de la editorial de Kindle Publishing de Amazon.
ISBN-9781976425394

 # de caso: 7579700

Agradecimiento

Agradezco la ayuda y el empeño constante que mantuvo la profesora Isabel L. Sago, ya que revisó y confeccionó el prólogo, así como la introducción a esta obra.

Introducción

Francisco M. Richard, se ha dado a conocer en el mundo de las letras como autor de obras poéticas de amor y de fenómenos socio-políticos. Su estilo conversacional ha atraído la atención del lector por la belleza y profundidad con que aborda este sentimiento humano, y en esta ocasión en forma de literatura científica, se refiere a la electricidad, que al igual que el amor contribuye a transformar la sociedad humana.

Este texto es una revisión bibliográfica, de especialistas en la materia, conjuntamente con las experiencias del autor en su labor de obrero electricista especializado en las aplicaciones como electricista enrollador de todo tipo de bobinas, instalaciones eléctricas, soterradas, viales, residenciales, comerciales, automotrices, y también en el campo de la energética, incluyendo el sistema eléctrico industrial, las subestaciones, y despachos. Trabajó en plantas de energía eléctrica, incluyendo el departamento de interpretación de planos del Instituto de Medicina Tropical (IPK).

Le ofrecemos al lector una síntesis acerca de la aplicación de la energía eléctrica en el medio doméstico, social, industrial, etc. No está dirigido a personas como técnicos e ingenieros. Está dirigido a las personas que con edad suficiente, no tuvieron la posibilidad de realizar estudios secundarios, o superiores, pero necesitan una información elemental que les permita una realización fructífera, en su labor de práctica como técnicos electricista auxiliares.

Referencias

Fisicos notables

Tales de Mileto (600 años antes de Cristo) Grecia.
(Se le atribuye el descubrimiento de la energía eléctrica)

William Gilbert (1544-1603)
Médico, físico y filósofo natural inglés.
Precursor del electromagnetismo.

Otto von Gericke. Físico francés (1660)

Pieter van Musschenbroek. Físico neerlandés. (1644-1761)

Charles Francois de Cisternay Du Fay. Francia.
(París, 1698 – 1739); fue un físico y químico francés,

Benjamín Franklin (1706-1790)
Físico, descubridor e inventor. U.S.A.

William Watson. Físico botánico y médico botánico. Inglaterra.
(3 de abril de 1715 — 10 de mayo de 1787)

Charles Agustín de Coulomb. Físico.
(14 de junio de 1736-París, Francia, 23 de agosto de 1806)

Luigi Galvani (Bolonia, Italia, 9 de septiembre de 1737-id.,
4 de diciembre de 1798), médico, fisiólogo y físico italiano

Alessandro Giuseppe Antonio Volta. Físico Italiano
(17 de Diciembre de 1745-5 de Marzo de 1827)

Andrés Marie Ampere. Físico Francés.
(Lyon, 20 de enero de 1775-Marsella, 10 de junio de 1836)

Georg Simon Ohm. Físico Alemán.
(16 de marzo de 1789-6 de Julio de 1854.

Michael Faraday. Físico Inglés.
(Newington, 22 de septiembre de 1791-Londres, 25 de agosto de 1867)
Estudió las *leyes de Kirchhoff de circuitos eléctricos y la ley de Kirchhoff de la radiación térmica.*

Gustav Robert Kirchhoff. Física espectroscópica.
Königsberg, Alemania. (12 de marzo de 1824-17 de Octubre de 1887)

James Clerk Maxwell (Edimburgo, Reino Unido; 13 de junio de 1831Cambridge, Inglaterra; 5 de noviembre de 1879). Fue un físico escocés, conocido principalmente por haber desarrollado la teoría electromagnética clásica,

Tomás Alva Edison (Inventor y científico)
1847-1931. U.S.A.

John Hopkinson (27 de julio de 1849, Manchester, Inglaterra -27 de agosto de 1898, Val d'Herens, Suiza) fue un ingeniero, y físico inglés.

Nikolas Tesla Inventor y científico.
(Smiljan, 10 de julio de 1856. Austria
– Nueva York, 7 de enero de 1943.

David Hilbert (23 de enero de 1862, Königsberg, Prusia Oriental–14 de febrero de 1943, Gotinga, Alemania) fue un matemático alemán.
Asunto: Ondas cuadrática. Teorema de la base de Hilbert.

Marshall Mcluhan. Canada. (Edmonton, 21 de julio de 1911
(Toronto, Canada. 31 de diciembre de 1980)
(Filósofo, crítico y profesor universitario)
(Estimuló los medios electrónicos de comunicación global)

Referencias Bibliográficas

1* National Electrical Code. U.S.A.(NEC)
Código Nacional Eléctrico (1993)
By: Mark W. Earley. John M. Caloggero. Richard H. Murray.

Tablas matemáticas, con sus seis decimales.
Trigésima edición mejorada.
Edward S. Lenin, del Iowa State College.
Edición de ciencia y técnica.
Instituto del Libro.
Impreso en Cuba.
La Habana, Cuba (1970)

Problemas de Electrotecnia y de Electrotecnia Industrial.
Traducción del ruso por el ingeniero, José Puig Torre(Cuba)
Tercera edición; editorial Mir. Moscú.

Electricidad Industrial.
Autor: Charles Dawes. Tomos I y II

Basic Wiring
Adding Outles
Easy Rules for Safety
Lights and Switches
Outdoor Wiring

III Edition
Engineer's
Mini-note book
Forest M. Mims
1 Basic Semiconductor circuits
2 Digital Logic circuits
3 Communications Projects
4 Formulas, Tablets and Basic Circuits
5 Schematic Symbols, Device Packages, Design and Testing
6 Science Projects
7 OP Amp IC Circuits
8 Opto electronic Circuits
9 555 Timer IC Circuits.

Manual de Electricidad Básica
Miguel D'Addario

Indice
Capítulo I
Historia del origen y evolución de la electricidad..............................17
Descubrimientos de Tales de Mileto (600 a.C.).........................17-18
  Conceptos, acerca de la electricidad, el magnetismo, y la gravedad
....18-23
Naturaleza de la electricidad (William Gilbert).........................23-24
Experimentos de Charles Francois de Cisternay Du Fay................24
a) Electricidad vítrea(positiva)
b) Electricidad resinosa(negativa)
Teoría electrónica moderna de la electricidad
Benjamín Franklin (1706-1790) 25-26
Necesidad de los pararrayos..26
Relación con los pararrayos...26
Michael Faraday..27
Tomás Alva Edison..28
Nikolas Tesla (1856-1943) y la corriente alterna.....................28-29
Guerra de las corrientes..29

Capítulo II
Generación de energía eléctrica..30
Sistema de suministro eléctrico..30
Elementos de la red de distribución eléctrica y sus funciones......30-32
Clasificación de las acometidas eléctricas....................................32
Instalaciones de dos acometidas...33
Memorizar datos..34
Sistema 3Ø balanceado..35
Funciones del electricista, según su especialidad....................36-37
Partes de un destornillador plano..37-38
Características de los interruptores..38
Cálculo: conductores de electricidad...38
Algunas herramientas y accesorios..39-40
     Función de algunos instrumentos eléctricos, y electrónicos de
medición 40-68
Instrumentos fundamentales para los electricista........................68
Información necesaria...69
Reparación y mantenimiento eléctrico.....................................69-71

xiii

Subestación eléctrica
La red de transporte
Línea de transporte
El electricista reparador debe conocer lo siguiente, al realizar esta labor.
a)Instalación y mantenimiento en las redes eléctrica de baja y alta tensión.
b) Instalaciones eléctricas, en residencias, áreas industriales, comerciales, y de actividades sociales, etc.
c) Instalaciones del alumbrado público.
d)Reparación de averías eléctricas, maquinarias, y electro domésticos.
e) Herramientas y accesorios.
f) Acreditación oficial (licencia)como electricista instalador autorizado.
g) National Electrical Code

Capítulo III
Fuentes deEnergía..71

a) Energías Primarias Renovables
b) Energías Secundarias no Renovables
c) Fuentes de energías alternativas
Generación de diferentes tipos de energía, o clases de energías........74

Capítulo IV
La ingeniería eléctrica, o ingeniería electricista……...............75
Diferentes tipos de corrientes...75
a) Corriente o electricidad continua o directa (c.c. o c.d.)
b) Corriente o electricidad alterna. (c.a.)
c) Corriente o electricidad (electroquímica
Corriente o electricidad (atmosférica)
Diversas clases de energías..75
Energías irregulares..75-76
Corriente alterna vectorial..76
La electricidad, y las reacciones químicas..............................77
La electricidad atmosférica...77
Formas de ondas, o manifestaciones de la corriente sinusoidal........77
Osciloscopio...77-78

Onda pulsante, o pulsatoria..*78*
Onda cuadrática...*78-79*
La corriente estática, o estacionaria......................................*79*
Conversión de la corriente alterna en continua........................*79*
Memorizar...*80*
Materiales conductores, semiconductores, y no conductores............*80*
Materiales dieléctrico y su aplicación..................................*81-82*
Diversas tendencias de la electricidad....................................*82*
Cómo funciona una resistencia..*82*
Diferentes tipos de resistencias......................................*82-83-84*
Voltaje de batería...*84*
Código de resistencia...*85*
Diferentes tipos de capacitores...*86-87*
Código de capasitores..*88*

Capítulo V
Corriente alterna (1Ø, 2Ø y 3Ø) (Subtitulo..................................*89*
Instalaciones residenciales, comerciales e industriales.............*90-91*
Sistema trifásico..*91*
Circuito eléctrico, magnético. Ley de Ohm..........................*91-92*
Ley de Hopkinson..*92-93-94*
Radiación electromagnética(James Clerk Maxwell.................*94-95*
Una lámpara fluorescente conectada a un sistema three-way..........*96*
Interruptor three-way..*97*
Simbología de circuitos eléctricos y electrónicos.......................*98*
Diferentes modelos de interruptores eléctricos..........................*99*
Semiconductores..*100*
Espirales (enrollados)..*101*
Modo de hallar la capacitancia en una lámpara fluorescente.........*102*
Colocación de tomacorrientes e interruptores según la Norma
Internacional de Medida..*103*
Tabla I. Calibre de conductores residenciales, comerciales, e
industriales...*104*
Tabla II. Capacidad de conductores de aluminio revestidos
de cobre...*105*
Tabla III. Tamaño de las tuberías..*106*
Tabla IV. Número de conductores por caja............................*107*
Tipos de empalmes eléctricos..*108-112*
Tabla I de las medidas de los alambres de 115 volts...................*113*

xv

Tabla II de las medidas de los alambres de 215 volts........................114

Anexos

*No. 1 Tesis de grado: Cálculo de las Pérdidas,
y Mejoramiento del Factor de Potencia......................115-155*

No. 2 Análisis trigonométrico..156-161

*No. 3 William Gilbert. (Médico, Físico, y Filósofo Natural.
Colchester, Essex. 24 de Mayo1544-Londres.
10 de Diciembre de 1603)...161-162*

Capítulo I
Historia del origen y evolución de la electricidad

El _fenómeno_ de la electricidad en sí mismo, no tiene historia, y si se le considerase como parte de la historia natural, se debería tener en cuenta: el _tiempo_, el _espacio_, la _materia_, y la _energía_. Considerando que además, también se denomina electricidad la rama que estudia el fenómeno, y la rama de la tecnología que la aplica, la historia de la electricidad es la _historia_ de la _ciencia_, y de la tecnología, que se ocupan de su surgimiento, y evolución.

1. Descubrimiento de Tales de Mileto (600ª.C.)

Tales de Mileto

El descubrimiento de la electricidad se le atribuye a _Tales de Mileto_; (600 a.C.) por sus investigaciones a través del _ámbar_.
Según el origen y evolución del descubrimiento de la electricidad, se han observado diferentes aspectos en cuanto a una serie de manifestaciones antiguamente inexplicables; pero según el pasar del tiempo al hombre de las cavernas se le iban manifestando una serie de fenómenos electromagnéticos, que por la época involutiva en que vivían no le podían dar una explicación a tales fenómenos. La respuesta que le daban eran anticientífica, por lo que en el transcurso del tiempo, se le fueron dando diferentes explicaciones hasta nuestros días. En otras épocas como en el Primitivismo, Paleolítico Inferior, Medio, Superior, Mesolítico, Neolítico, Edad Antigua (edades del cobre, _bronce_, y del _hierro_, Edad Media y otras, se fueron precisando diferentes factores en cuanto a estas manifestaciones naturales. Ejemplos de estos factores son los choques electromagnéticos (el rayo), la _fricción_ de ciertos palos rústicos, para producir el _fuego_, (candela), los temblores de tierra, los terremotos, maremotos, las inundaciones, los huracanes, o tifones, las avalanchas de lodo, piedra, nieve, y otras que

han seguido, y continúan arrasando con muchas regiones del mundo.

Para hablar de la historia de la electricidad, sería prudente definirla como las ramas de la historia de la <u>ciencia</u> y de la <u>tecnología</u> que se encargan del estudio de su origen y evolución. Fue alrededor del año (600 a.C.) cuando Tales de Mileto observó, que frotando una varilla de ámbar con una piel, o con lana, se obtenían pequeñas cargas que atraían pequeños objetos, y si la frotación se hacía por mayor tiempo, se podía producir la <u>aparición</u> de una <u>chispa</u>.

A lo largo de la Edad Antigua y Media se registraron varios hechos que los antiguos griegos observaron que los trozos de piedra de magnesia que se encontraban cerca de la ciudad de igual nombre (Magnesia) se atraían entre sí y también a pequeños objetos de hierro. Las palabras magneto (imán) y magnetismo, se derivan de Magnesia. Como el uso de peces eléctricos para el tratamiento de enfermedades, como <u>la gota,</u> y el <u>dolor de cabeza,</u> según autores como <u>Plinio el Viejo</u>, y <u>Escribonio Largo;</u> también objetos arqueológicos de interpretación dudosa, como la Batería de Bagdad que según datos fue encontrada en Iraq en 1938, con fecha de alrededor de 250 años antes de Cristo, parecida a una celda electroquímica. De esto último no se han encontrado documentos que evidencien su utilización.

Conceptos
Electricidad, magnetismo, y gravedad

La electricidad, y el magnetismo son conceptos de la teoría de la relatividad de Albert Einstein.

Electricidad, magnetismo, y gravedad son una misma fuerza.

La corriente eléctrica fue descubierta por el químico Michael Faraday (1791-1867)

Cuando un imán atraviesa un conducto dentro de un circuito cerrado se manifiesta una corriente eléctrica (Michael Faraday)

La palabra eléctrico, o electricidad apareció en el año 1646 por Thomas Browne)

En textos del antiguo Egipto, estaban escritos acerca de la electricidad 2750 años ante de Cristo. Se hacían experimentos acerca de los peces tronadores del Nilo; ahí comenzó la historia de la <u>Electricidad</u>.

El estudio de la electricidad y el magnetismo, tuvo su inicio en el año 1865, momento en que ambos fenómenos comenzaron a aparecer unidos, y no separados como había sucedido durante muchos siglos.
James Clerk Maxwell, comenzó a estudiar estos dos fenómenos electromagnéticos, considerándolos como origen del mundo eléctrico. Descubriríó 20 ecuaciones, que han revolucionado el mundo de la electricidad. Incluyendo a Marí Ampere, Gauss, Coulomb, Michael Faraday, y otros.

La electricidad fue un motor impulsor en la Segunda Revolución Industrial.

La electricidad es una actividad industrial activa.

Teofrasto de Grecia. (340 años a.C.) siguió los descubrimientos de Tales de Mileto.(el primer estudio científico)

La electricidad es un movimiento de electrones alrededor de un conductor.

La electricidad son partículas cargadas en movimientos.

El magnetismo es un fenómeno muy común, y se conoce desde la antigüedad. Hace más de 2,000 años.

El magnetismo está dentro de los electrones.

Todos los electrones tienen su pequeño imán.

En la madera, goma, etc, los electrones están desordenados.

El magnetismo lo producen los pequeños imanes en las partículas.

Un flujo de cargas eléctricas, genera un fenómeno magnético alrededor de un cable, o alambre y da lugar a un tipo de imán.

Al circular una corriente por un cable, o alambre, este mecanismo da lugar a que se magnetice dicho cable, o alambre.

La electricidad crea magnetismo.

La variación del magnetismo es lo que crea la electricidad.

Todo movimiento genera electricidad, y la transmite por un cable, o alambre, y se convierte en un movimiento en casas, fábricas industrias etc.

La electricidad es un fenómeno invisible.

Las fuerzas eléctricas, y magnéticas se transmiten por medio de los campos eléctricos.

El campo magnético es una herramienta muy fundamental para los experimentos, e investigaciones acerca de estos fenómenos (la electricidad).

El electromagnetismo está en todo lugar.

Electricidad, magnetismo, y gravedad como está escrito en páginas an teriores son la misma fuerza, y forman un fenómeno electromagnético.

La energía no se crea ni se destruye.

Nada puede estar en reposo absoluto.

El campo magnético universal hace que todos los objetos alrededor del sol giren.

La luz está hecha de campos eléctricos, y magnéticos. Según James Clerk Maxwell.

Los cables electromagnéticos que viajan a través de un cable, o alambre, son los que en verdad traen la energía.

En todas las conexiones todo debe ser equitativo.

Caja de registro significa donde están los cables, o alambres de diversos circuitos = a centro de carga.

Cuando hay campos eléctricos, y magnéticos siempre hay energía, eso implica que la energía es producto de esos campos.

La corriente convencional fluye en sentido a los electrones.

La corriente eléctrica dentro de los cables crea un campo magnético

En una batería la corriente fluye fuera de la batería.

Los análisis de la c.c. son iguales a los de la c.a.

Dentro de los cables, o alambres, los electrones se mueven hacia atrás, y hacia adelante.

Los campos eléctricos, y magnéticos viajan desde la Central Eléctrica hasta nuestra casa, fábrica, industrias; pasando antes de lle gar por las subestaciones.

La tierra húmeda funciona como conductor de la corriente eléctrica.

Una bombilla enciende inmediatamente alrededor de 1, o 3 segundos; incluyendo su distancia.

Cualquier bombilla depende de la impedancia de los cables, o alambres.

Los campos eléctricos, y magnéticos se propagan en el espacio en segúndos.

Las ondas electromagnéticas que viajan en el espacio son las que en verdad traen la energía.

Siempre que hallan campos eléctricos, y magnéticos hay energía.

Los electrones no tienen energía potencial.

La energía no fluye por los cables, o alambres, sino fuera de éstos.

La energía fluye a una misma dirección.

La luz lleva energía desde su fuente hasta su destino.

Dentro de los cables eléctricos se producen campos eléctricos, y también fuera de los cables.

La energía fluye hacia la derecha según el científico <u>*Pointy.*</u>

La electricidad y la luz se mueven a la misma velocidad.

Las cargas eléctricas en movimiento producen campos magnéticos.

Las cargas eléctricas son propiedades de partículas subatómicas.

Potencial eléctrico, es el trabajo realizado de una fuerza externa que atrae las cargas positivas unitarias, desde un punto de referencia hasta un punto considerado, y va en contra de la fuerza eléctrica, y de su velocidad.

Magnetismo, es la fuerza de atracción de piedras imantadas, o procesadas; es un fenómeno atractivo, y repulsivo de imanes y de la corriente eléctrica.

Ley de Joule, o efecto Joule.
Cuando una corriente eléctrica pasa por un conductor se aumenta su temperatura.
La ley de Joule muestra la relación que existe entre el calor que genera una corriente eléctrica que fluye a través de un conductor, la corriente misma, así como la resistencia del conductor, y el tiempo en que existe la corriente.

$$Q = I^2 . R . T = \text{ley de Joule}$$

Q = calor generado
I^2 = amperios
R = resistencia
T = tiempo
Todo campo eléctrico de un circuito, la luz viaja a 300,000 km/seg

Los campos eléctricos son los que mueven la energía eléctrica.

Según la física subatómica existen 4 fuerzas que trabajan bajo un modelo estándar.

Gravedad, Electromagnetismo, fuerza fuerte, y fuerza débil.

La Gravedad es una fuerza que ejerce la Tierra sobre todos los cuerpos.

El electromagnetismo es el estudio de las cargas en electricidad.

La fuerza fuerte es la responsable de mantener unidos a los núcleos; (protones, y neutrones), que coexisten en el núcleo atómico, venciendo a la repulsión electromagnética, etc.

La fuerza débil es la interacción débil, o fuerza débil, es una de las 4 interacciones conocidas en física nuclear, y es más fuerte que la Gravedad, y es efectiva en distancias muy cortas, etc.

2. Naturaleza de la electricidad (William Gilbert 1544-1603

William Gilbert

A partir de la última parte del siglo XVI, el Dr. William Gilbert, quien fuera médico en la época de la reina Isabel, en su obra "De Magnete", acuñó la nueva palabra latina "electricus" de Elektrón, pa labra griega que significa ámbar. No obstante el primer uso de la palabra "electricidad" se atribuye a Sir Thomas Browne en su obra de 1646 "Pseudodoxia Epidémica".

Gilbert realizó cierto número de experimentos eléctricos que le permitieron descubrir otras sustancias distintas del ámbar, tales como el asufre, la cera, el cristal, etc, que tenían la capacidad de manifestar propiedades eléctricas. También descubrió que un cuerpo calentado puede perder su electricidad, así como que la humedad previene la electrificación de todos los cuerpos, debido a que perjudica el aislamiento de los mismos.

Igualmente Gilbert notó que las sustancias electrificadas atraen a *otras sustancias indiscriminadamente, mientras que un imán solamente atrae al hierro. Todos estos descubrimientos contribuyeron a que Gilbert, físico, y médico inglés ganara el título de fundador de la ciencia eléctrica. Fue uno de los primeros que se percató de la existencia de dos tipos de electricidad, y también el primero en usar los términos <u>atracción magnética,</u> y <u>fuerza</u> <u>eléctrica</u>; muchos lo consideran como el precursor de los estudios magnéticos.*

La electricidad es una energía pura, que no deja residuos, pues carece de materia, de lo contrario esas partículas no se podrían desplazar a través de los cables eléctricos, a la velocidad de la luz..

<u>3. Experimentos</u> <u>de</u> <u>Charles</u> <u>Francois</u> <u>de</u> <u>Cisternay</u> <u>Du</u> <u>Fay</u>

Charles Francois de Cisternay du Fay

Según los experimentos de Charles Dufay, físico y químico francés, en 1733, se pudo comprobar que la electricidad son <u>dos</u> fluidos (no <u>uno),</u> son dos tipos de electricidad las que existen:

Electricidad vítrea (positiva)

Electricidad resinosa (negativa)

Ambos fluidos, son los que constituyen la energía eléctrica. Se debe aclarar que la electricidad está compuesta por 2 partículas, cada una de distinta polaridad, y diferente naturaleza. Toda energía eléctrica tiene dos polos y dos signos eléctricos diferentes, pues no existe electricidad de una sola polaridad. Esto es lo que se explica en la llamada <u>teoría</u> <u>actual</u>, o teoría electrónica moderna.

4. Teoría electrónica moderna de la electricidad. Benjamín Franklin

Benjamín Franklin

La teoría *electrónica moderna*, confirma que la electricidad está constituida por dos clases de partículas que se manifiestan en el foco eléctrico.

Durante mucho tiempo pervivió la teoría de las dos clases de electricidad, hasta que Benjamín Franklin propuso otra teoría para explicar los fenómenos eléctricos. Desde su punto de vista un cuerpo contenía igual cantidad de electricidad vítrea que resinosa, con la implicación de que la suma de ambas, permanece constante y es _cero._

(Boston, U.S.A. 1706-1790), era el artífice de la electricidad, y de la conservación de la carga eléctrica. Hacia 1750 estudió el principio de la base actual de la teoría de la electricidad. Estudió además, la electricidad atmosférica, e inventó el pararrayo.

En 1752, Franklin publicó un artículo donde propuso la utilización de varillas de acero en punta, sobre los tejados, como protección de la caída de los rayos. Benjamín Franklin ejecutó su propio experimento con una cometa, y presentó su llamada teoría del fluido único para explicar los dos tipos de electricidad atmosférica: la positiva y la negativa. En 1753, el ruso Georg Wilhelm Richman, siguió las investigaciones de Franklin, pero en su práctica un impacto de rayo lo fulminó cuando manipulaba parte de la instalación del pararrayos, recibió una descarga mortal.

En 1919, Nikola Tesla definió correctamente el principio de funcionamiento del pararrayos. Después de rebatir las teorías y las técnicas de Benjamín Franklin, la industria del pararrayos ha evolucionado, y actualmente se fabrican modelos de distintos diseños, tales como: 1) de punta simple, 2) con multi puntas, o 3) con punta electrónica.

Algunos estudiosos definen la electricidad como una fuerza misteriosa que es la energía primitiva del universo; la cerilla que enciende las estrellas. Es el comienzo del universo; sin _electricidad_ no habría _gravedad,_ ni tampoco _magnetismo_. También la historia de la electricidad *recoge qué en 1855, el alemán Heinrich Goebel ya había registrado su propia bombilla incandescente.*

5.Necesidad de los pararrayos

Los pararrayos son muy necesarios, ya que los valores de corriente que pueden aparecer en un solo rayo, a veces pueden oscilar entre 5,000 y 350,000 amperios, con una media de 50,000 amperios. A causa de los efectos de la variabilidad climática, las temporadas de tormentas en todo el mundo, cada vez son más amplias e impredecibles durante el año, e incluso aparecen en invierno.

La elevada intensidad de un rayo puede provocar paro cardíaco, o respiratorio, por electrocución de un ser vivo debido al paso de la corriente de descarga. El impacto directo de un rayo provoca daños en las estructuras de edificios, industrias, antenas de telecomunicaciones, etc. Además puede llegar a provocar incendios.

El cambio climático es un factor, qué al aumentar la actividad solar, incrementa la actividad eléctrica de la atmósfera. Esto trae por consecuencia la generación de inesperadas tormentas electromagnéticas y termo dinámicas, que no aparecen ni en los modelos climáticos, ni en las predicciones meteorológicas. Esta actividad eléctrica puede convertirse en otro detonante del aumento de la actividad de rayos nube-tierra, o tierra-nube (cúmulo-nimbos).

(Benjamín Franklin: El rayo, es un fenómeno electrostático macroscópico)

Relación con los pararrayos: Casas, edificios, fábricas, e industrias etc.

La varilla a tierra se debe enterrar después de haber abierto un hueco de 2,5 metros^3, se debe echar un saco con sal, y un saco con carbón vegetal, y después enrregillar la solución con una regilla de aluminio, o cobre; y ante de echarle tierra al hueco se debe conectar el cable que sale al exterior con el electrodo que está enterrado. Dicho electrodo debe ser de material de cobre. Todo esto es para que haya una buena conducción a tierra, y la descarga que reciba el electrodo afecte lo minimo posible los equipos, casas, edificios, fábricas, industrias, etc.

6. Michael Faraday. Físico Inglés.
(Newington, 22 de septiembre de 1791-Londres, 25 de agosto de 1867)

Michael Faraday

Logros académicos

Recibió escasa formación académica, y a los 13 años comenzó a trabajar de aprendiz con un encuadernador de Londres. Prácticamente no sabía matemáticas, desconocía el cálculo diferencial, pero en contrapartida tenía una habilidad sorprendente para trazar gráficos y diseñar experimentos.

Aportaciones 1821: construyó dos aparatos para producir lo que él llamó rotación electromagnética (motor eléctrico)

1831: descubrió la inducción electromagnética, y otros experimentos que aún hoy día son la base de la moderna tecnología electromagnética (leyes de Faraday

1845: descubrió el efecto Faraday (desviación del plano de polarización de la luz como resultado de un campo magnético, al atravesar un material transparente). Se trataba del primer caso conocido de interacción entre el magnetismo, y la luz. Demostró que la carga eléctrica se acumula en la superficie exterior del conductor eléctrico cargado, con independencia de lo que pudiera haber en su interior (usado en la jaula de Faraday). En 1858 se le proporcionó una de las Casas de Gracia, y Favor, de la reina Victoria.

Biblioteca Biblio Guías *Sacado de un web-site, llamada* **Biografías de Ingenieros. Inventos e Inventores.**

7. Tomás *Alva* Edison *y* la *invención* de *la lámpara* incandescente *(1847-1931. U.S.A)*

Tomas Alva Edison

Generalmente, la invención de la lámpara incandescente se le reconoce a Thomas Alva Edison, quien el 21 de Octubre de 1879 produjo una lámpara que dio luz durante aproximadamente 48 horas ininterrumpidamente. La patente con el #223,898 se le concedió a Thomas Alva Edison, en el siglo XIX, el 27 de Enero de 1880, lo que le da un golpe final a sus descubrimientos, pues inventó el motor de corriente directa(c.d.) y 1,084 entre inventos, descubrimientos e innovaciones.

Thomas Alva Edison, había nacido el 11 de Febrero de 1847 y falleció el 18 de Octubre de 1931. Fue empresario y prolífico inventor, ya que durante su vida adulta, producía un invento cada 15 días. De esta manera contribuyó a darle a Estados Unidos de América, y a Europa las industrias eléctricas, un sistema telefónico, el fonógrafo, las películas, etc.

El 11 de Julio de 1874 el ingeniero ruso Alexander Lodigin, se le había concedido la patente #1619 por la bombilla incandescente para la que utilizó un filamento de carbono.

8. *Nikolas* Tesla. *Inventor y* científico *(Smiljan, 10 de julio de 1856. New York, 7 de enero de 1943)*

Nikolas Tesla

Aunque Nikolas Tesla, fue el físico que puso en práctica los descubri-

mientos de Faraday, estaba en desacuerdo con su teoría acerca de la electricidad. Fue uno de los promotores más importantes que impulsó el surgimiento de la electricidad comercial. Tesla se convirtió en ciudadano norteamericano. Tuvo una vida brillante, durante la cual fue inventor, ingeniero mecánico, e ingeniero eléctrico. Realizó numerosas y revolucionarias invenciones en el campo del electromagnetismo, a finales del siglo XIX, y principios del siglo XX. Las patentes de Nikolas Tesla, y su trabajo teórico constituyeron las bases para la corriente alterna moderna (c.a.) y los sistemas de potencia eléctrica, incluyendo el sistema polifásico de distribución eléctrica, y el motor de corriente alterna, con los cuales contribuyó a la Segunda Revolución Industrial. Después de su demostración de comunicación inalámbrica por medio de ondas de radio, en 1894, y después de su victoria en la guerra de las corrientes, Tesla, fue ampliamente respetado como uno de los más grandes ingenieros eléctricos que trabajaba en Norte América. Durante gran parte de su trabajo inicial, fue pionero para la ingeniería eléctrica moderna.

Durante este periodo en los Estados Unidos de América, la fama de Tesla, rivalizaba con la de cualquier otro inventor, o científico en la historia o cultura popular.

Aparte de su trabajo en electromagnetismo, e ingeniería eletromecánica, Tesla, contribuyó en diferentes medidas al desarrollo de la robótica. Además, inventó el control remoto, el radar, las ciencias de la computación, la balística, la física nuclear, y teórica. En 1943 la Corte Suprema de los Estados Unidos de América, lo acreditó como el inventor de la radio. Tesla patentizo más de 800 inventos. Murió pobre, en el hotel _Astoria_ de New York.

9. _Guerra de las corrientes_

La guerra de las corrientes, fue una competencia económica, y tecno lógica que tuvo lugar en la década de 1880, por el control incipiente del mercado de la generación y distribución de la energía eléctrica. Ni kolas Tesla, y Tomás Alva Edison, se convirtieron en adversarios, debido a la promoción de la corriente continua de Edison y J. P. Morgan, quienes crearon General Electric, para la distribución de energía eléctrica, lo que a su vez estaba en contra de la corriente alterna defen dida por George Westinghouse, y Nikolas Tesla. A pesar de la popularidad de Edison, y de sus descubrimientos e inventos, la corriente alterna promulgada por Tesla, fue la que predominó para la distribu ción de la electricidad, desde entonces, hasta nuestros días.

Capítulo II
Generación de energía eléctrica

Para la generación industrial, comercial, y residencial, de electricidad se utilizan instalaciones especiales, llamadas centrales eléctricas, que son las encargadas de realizar dicha transformación. La central eléctrica representa el primer escalón del sistema de suministro.

Sistema de suministro eléctrico

El sistema de suministro eléctrico es un conjunto de medios y elementos útiles para la generación, el transporte, y la distribución de la energía eléctrica. Este conjunto está dotado de mecanismos de control, seguridad y protección, tanto para el sistema, como para los operadores.

La función de los electricistas es suministrar la energía, desde la subestación de distribución hasta los usuarios finales (medidor del cliente)

Elementos de la red de distribución eléctrica y sus funciones.

Los elementos de la red de distribución eléctrica, son los siguientes: Subestación de distribución, o conjunto de elementos, (transformadores, interruptores, seccionadores, etc), cuya función es reducir los niveles de alta tensión de las líneas de transmisión, o sub-transmisión, hasta niveles de media tensión, para su ramificación en múltiples Salidas.

Para lograr que se suministre la electricidad, y se distribuya a las diferentes áreas, además de los centros de transformación, son necesarias instalaciones de enlace, así como profesionales, y técnicos de la electricidad. En la primera parte de esta obra nos proponemos abordar las características y funciones principales del técnico electricista.

(Ver gráfica en la siguiente página)

Red de distribución eléctrica

Cómo suministrar o distribuir la electricidad a las áreas residenciales, comerciales, industriales, etc.

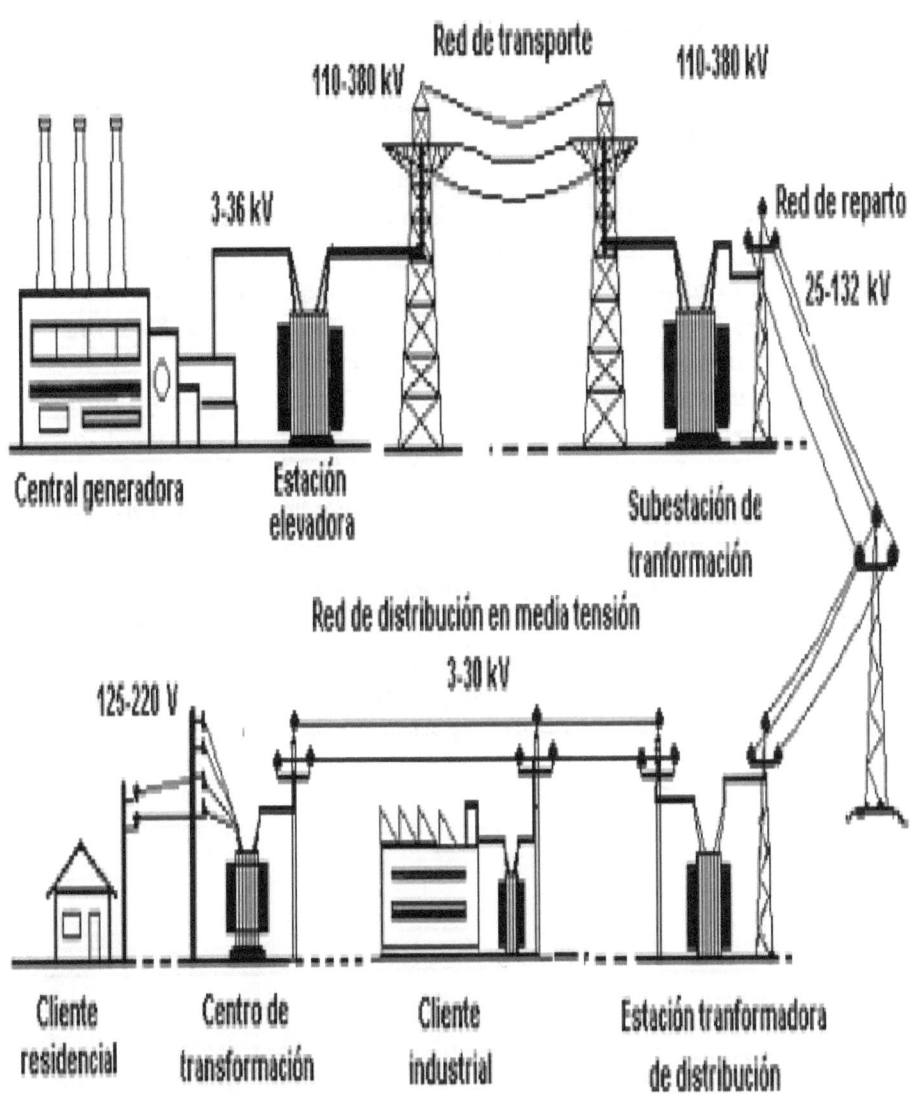

En las instalaciones eléctricas, la parte de la red de distribución de la empresa suministradora que alimenta la caja, o cajas generales de protección, o unidad equivalente, comúnmente se conoce como acome

tida.

Clasificación de las acometidas eléctricas

Las acometidas en baja tensión (de 0 a 600/1000V dependiendo del país) finalizan en la caja <u>general de protección</u>, mientras que las acometidas en alta tensión (a tensión mayor de 600/1000V) finalizan en un <u>centro de transformación</u> del usuario, donde se define como el comienzo de las instalaciones internas, o del usuario. La capacidad de la línea de transmisión afecta el tamaño de estas estructuras principales. Por ejemplo, la estructura de la torre varía según el voltaje requerido y la capacidad de la línea, por lo que las torres podrán ser postes simples de madera para las líneas de transmisión pequeñas hasta 46 kilovatios (Kv). Para las líneas de 69 a 231 Kv se emplean estructuras de postes de madera en forma de H. Se utilizan estructuras de acero independientes, de circuito simple, para la líneas de 161 Kv o más. Es posible tener líneas de transmisión de hasta 1000 Kv.

Para una vivienda unifamiliar, la acometida normal es <u>monofásica</u>, a tres hilos, uno para la fase o activo, otro para el neutro y tercero para la tierra, a 230 V. Para un edificio de varias viviendas la acometida normal será <u>trifásica</u>, cuatro hilos, tres para las fases y uno para el neutro; la tierra debe estar en la misma instalación del usuario, siendo en este caso la tensión entre las fases 220/400V y de 127/ 230V entre fase y neutro de pendiendo del país. Si la acometida es para una industria, o una gran zona comercial esta será normalmente en Media o Alta tensión, por ejemplo a 5kv o mayor según la zona o país, a tres hilos, uno para cada fase, el neutro se obtiene del secundario del transformador.

Instalación de 2 acometidas

1. Instalación de una acometida 480V volts en estrella, a baja tensión trifásica = 227 voltios.
2. Instalación de otra acometida de media tensión 240V en delta, y baja, y media tensión = 208 voltios, y monofásica = 120 voltios

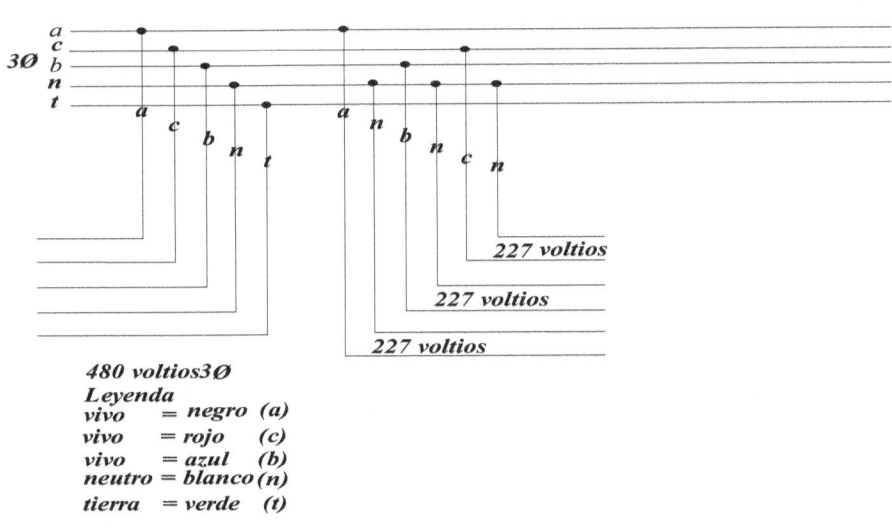

Conexión estrella

480 voltios 3Ø
Leyenda
vivo = negro (a)
vivo = rojo (c)
vivo = azul (b)
neutro = blanco (n)
tierra = verde (t)

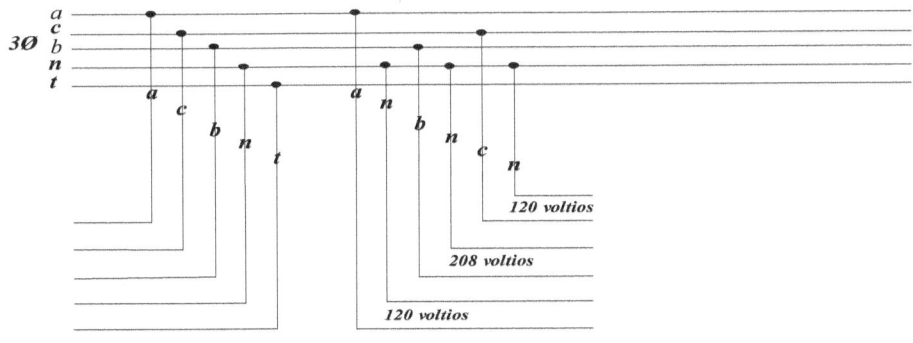

Conexión delta

240 voltios 3Ø
Leyenda
vivo = negro (a)
vivo = rojo (c)
vivo = azul (b)
neutro = blanco (n)
tierra = verde (t)

Memoriza bien estos datos
Diferencias entre conexión Estrella, y Delta

Anexo estos datos que confeccioné, son para más conocimientos del estudiante, aprendiz, o técnico en esta materia.

Conexión estrella	Conexión delta
A – B = 480 voltios	A - B = 240 voltios
B - C = 480 voltios	B - C = 240 voltios
C - A = 480 voltios	C – A = 240 voltios
A - N = 227 voltios	A – N = 120 voltios
B - N = 227 voltios	B – N = 208 voltios
C - N = 227 voltios	C – N = 120 voltios

En estrella, el neutro se saca del punto neutro de las tres bobinas, o enrollados.

En Delta, el neutro se saca de la mitad de cualquier enrollado, o bobina.

Sistema 3Ø Balanceado

Un sistema 3Ø balanceado, es aquel cuyas fuentes se encuentran defasadas a 120° eléctrico, o geométrico; tienen la misma magnitud, y la misma frecuencia angular, y sus impedancias son las mismas en cada fase.

Balanceo de las tres fases en una instalación industrial

La suma de los voltajes es igual a cero, en un sistema trifásico balanceado.

```
_____ a
_____ c
_____ b
_____ neutro
_____ Tierra
```

<u>240 voltios</u> 3Ø   A, C, B con el neutro = 240V
$V_a + V_b + V_c = o$ La fase A con la C   = 240

$V_a = V_m < 0°$ La fase C con la B   = 240V
$V_b = V_m < -120°$ La fase B con la A   = 240V
$V_c = V_m + 120°$

  Deben estar los voltajes contados en estrella no en delta, para tener un punto neutro.
 En Donde V_m es la original de la fase a, b, c
 Las tres = 240V 3Ø a plena carga, al vacío = 220V 3Ø

Cada una de las tres fases están desfasadas a 120° eléctrico o geométrico.

<u>120V 1Ø</u>

Una fase tiene 90V al vacío con respecto a tierra = vivo, con el neutro tendrá 120V, y a plena carga se quedará en 110V.

A plena carga se quedará en <u>220V</u> , si es 240V <u>2Ø</u>
Una fase tiene 180 voltios al vacío con respecto a tierra, siempre que sea la face C, pero con el neutro tendrá 240V.

Funciones del electricista, según su especialidad

Un electricista es un profesional, o técnico preparado para realizar instalaciones y reparaciones, relacionadas con la electricidad.

Actualmente existen <u>varias</u> <u>especializaciones</u> según el trabajo que se realice: (técnicos <u>instaladores, o de mantenimiento</u>), y técnicos de <u>reparación</u>. Estas tareas serán realizadas en diferentes áreas:

a) Instalación y mantenimiento de las redes eléctricas de baja y alta tensión.

b) Instalaciones eléctricas en residencias, áreas industriales, comerciales, de actividades sociales, etc.

c) Instalaciones del alumbrado público

d) Reparación de <u>averías eléctricas</u>, maquinaria, y electro domésticos.

Para realizar la reparación y mantenimiento de las instalaciones eléctricas, el técnico electricista necesita utilizar <u>herramientas, y accesorios</u> característicos, y además tener en cuenta lo siguiente:

e) Herramientas y accesorios.

f) Acreditación oficial (licencia) como electricista instalador autorizado.

g) National Electrical Code.

Las herramientas pueden ser de uso personal, o propias del trabajo. En el primer caso podemos mencionar la <u>fornitura,</u> que consiste en una especie de faja que ajustada a la cintura del técnico, le sirve para transportar algunas herramientas en forma eficaz, y así evitar su caída o extravío. <u>Algunas fornituras</u> están hechas con materiales fuertes, tales como la gamuza, el cuero, y otros.

Las herramientas propias del trabajo tienen como función primordial <u>facilitar</u> la <u>labor</u> del <u>electricista</u>. Desde los tiempos primitivos eran de hierro, y tenían que ser utensilios resistentes porque demandaban la aplicación de cierta fuerza física para apretar, sostener, etc. Originalmente eran <u>herramientas manuales,</u> pero con el tiempo y el desarrollo de la ciencia y la tecnología se han hecho más complejas. Algunos <u>ejemplos</u> son los <u>siguientes:</u>

<u>Alicate, o tenaza</u>. Se utiliza para sujetar piezas y cortar o moldear diferentes materiales. Fue inventado hace más de 2,000 años a.C.; puede ser de diferentes tipos: a) de boca plana, para doblar alambres, b) de punta redonda, para doblar alambres en forma de anillos.

Otros tipos de alicates son: de <u>corte</u> de <u>uña, universales, taladradores, sacabocados</u> de <u>presión,</u> etc.

Los instrumentos para <u>atornillar</u> y <u>destornillar</u>, son elementos también importantes, que se utilizan para apretar y aflojar tornillos, y otros elementos de máquinas, que requieren poca fuerza de apriete, y generalmente son de diámetro pequeño. Tenga en cuenta, qué en el Salvador, Honduras, Nicaragua, y México, a este instrumento tambíén se le llama <u>desarmador,</u> aunque el término <u>desatornillador</u>, es poco frecuente.

Los destornilladores planos tuvieron su origen en los talleres de <u>carpintería</u>. Un destornillador consta de 3 partes: <u>mango</u>, <u>vástago</u>, <u>caña</u>, y <u>punta</u>.

<u>Partes de un destornillador plano</u>

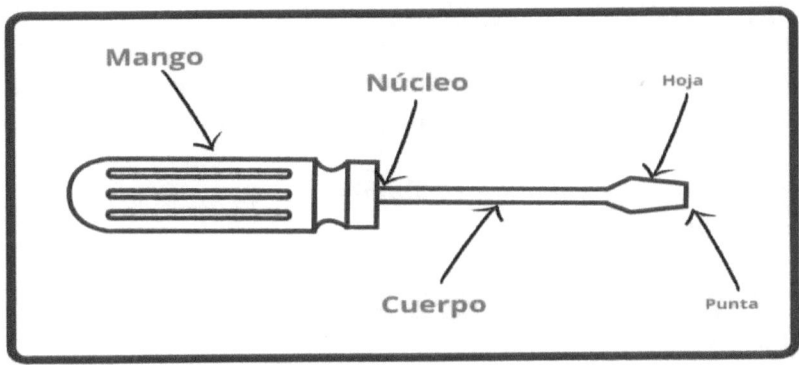

Existen otros destornilladores especiales, o de precisión como el <u>busca polos,</u> que es un destornillador que posee una lámpara de alta reactancia integrada en su campo, <u>para comprobar</u> que un conductor está conectado a una fase de la <u>red de corriente alterna.</u> En síntesis, además de lo anterior, los electricistas deben tener a su alcance protecciones eléctricas, terminales de conexión, multímetro, o polímetro; megger, o multitester, y cinta aislante.

Para realizar instalaciones eléctricas, tanto de <u>baja,</u> como de <u>alta</u> tensión el electricista debe poseer una acreditación oficial (licencia) llamada "Electricista Instalador Autorizado", que demuestre que conoce el <u>National Electrical Code</u>*[1], que contiene las normas de seguridad vigentes en el estado donde realiza su trabajo, y que posee las habilidades para realizar labores a determinada altura; además de lo anterior, el técnico electricista, antes de hacer reparaciones en áreas domésticas comerciales, etc., debe cerciorarse de que no existan instalaciones de gas, u otro combustible, en el área de trabajo. También el técnico electricista debe tener en cuenta el uso de guantes especiales para trabajar con alto voltaje. Y siempre debe tener su área de trabajo limpia, para no enredarse con cables y otras.

Características de los interruptores

Los interruptores, Brakes, y tomacorrientes son termo magnéticos.

Los guantes que debe usar el técnico electricista deben ser guantes que tengan buena protección. Y en algunas ocasiones también debe usar espejuelos para proteger la vista. Y también algún delantar según la ocasión.

Cálculo: conductores de electricidad

El total de alambres hacen el total del amperaje calculado por el fabricante. Si dividiéramos el amperaje total de un cable, entre el total de alambres, nos daría el amperaje por alambre.

$$\frac{\text{Amperes total}}{\text{\# total de alambres}} = \text{ampere x alambre}$$

Para hallar el calibre en cualquier alambre
se utilizan tres normas internacionales que son las siguientes:
Europea_____ 1.5 x la intensidad
Norteamericana_____1.25 x la intensidad
Rusa_____ 1.6 x la intensidad

También para hallar el calibre en un conductor
  $Ø = 0.7\sqrt{I}$
   Calibre = Ø
   Konstante = 0.7
   Intensidad = I

Diversos tipos de interruptores magnéticos.
Monofásico

Bifásico

Trifásico

Algunas herramientas, y accesorios que deben utilizar los eléctricistas

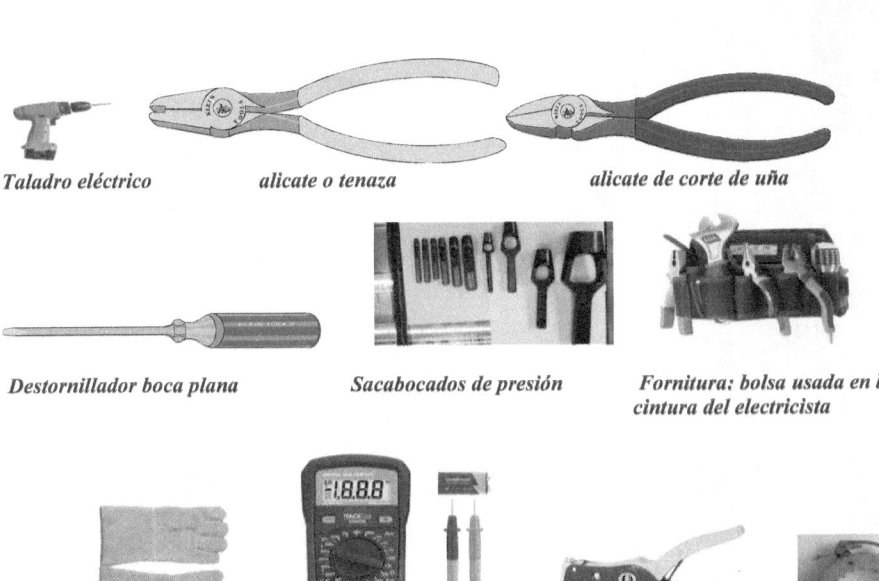

Taladro eléctrico *alicate o tenaza* *alicate de corte de uña*

Destornillador boca plana *Sacabocados de presión* *Fornitura: bolsa usada en la cintura del electricista*

 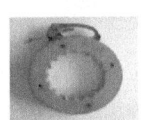

guantes de seguridad, *multímetro o tester* *pela cable* *cinta para pasar alambres y cables a través de las tuberías*

Pinza de punta *linterna recargable* *cuchilla para cortar* *soldador*

nivel *busca polos* *destornillador de estría*

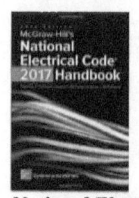   

National Electrical Code   *amperímetro*   *pinza punta de garza*   *cinta métrica extensible*

juego de cincel   *segueta*

Función de algunos instrumentos eléctricos, y electrónicos de medición

Polímetro analógico y polímetro digital.

El polímetro es el llamado multímetro, o tester en inglés. Es un instrumento anexado a la corriente eléctrica para medir magnitudes, corriente y potenciales, tensiones y otras; midiendo corriente alterna y continua. Tanto los analógicos, como los digitales realizan las mismas mediciones. La función del voltímetro es medir la carga eléctrica, que se da en Coulomb (1 Coulomb = 6.24×10^{18} é). Mientras que el polímetro análogico utiliza una aguja, y una escala para representar sus magnitudes y el digital muestra valores numéricos en su pantalla Led.
(ver diagramas en páginas siguientes)

Voltímetro analógico

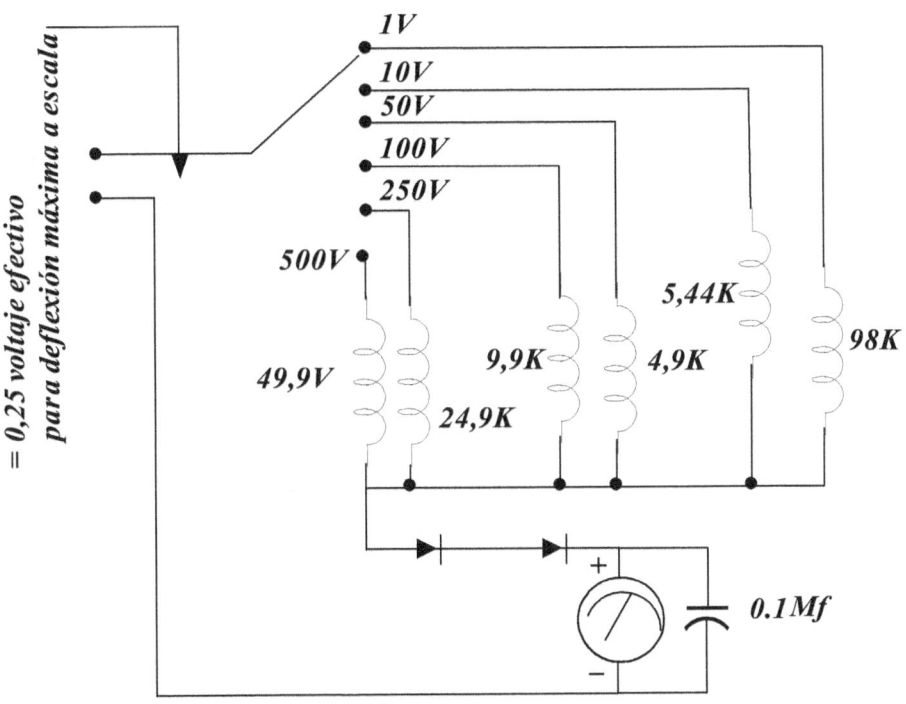

Voltímetro digital

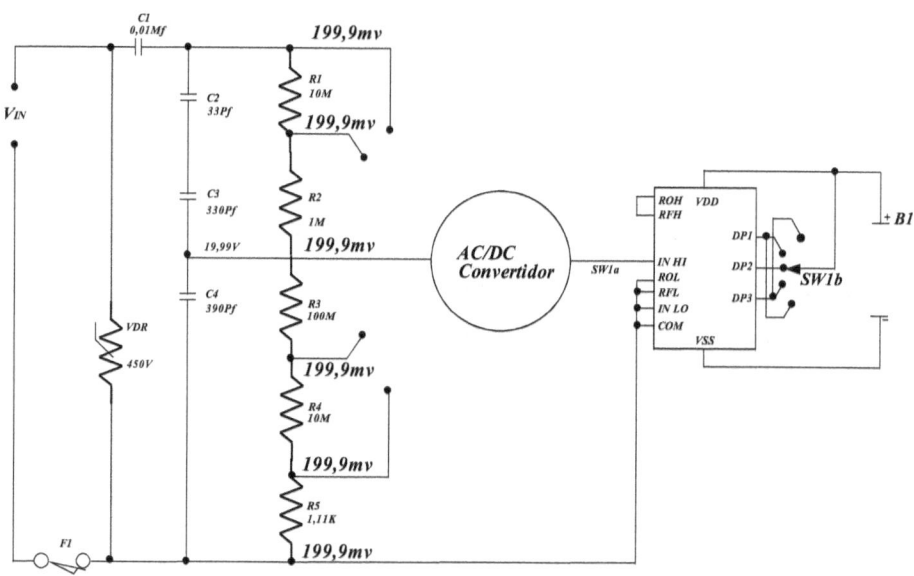

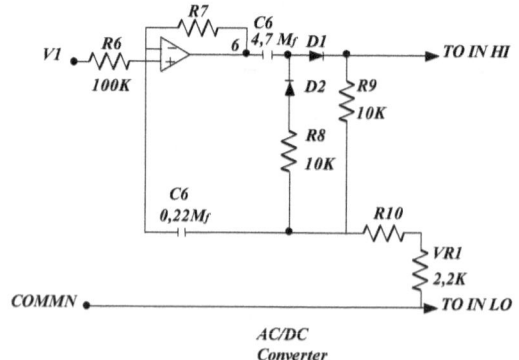

AC/DC
Converter

42

Voltímetro analógico trifásico

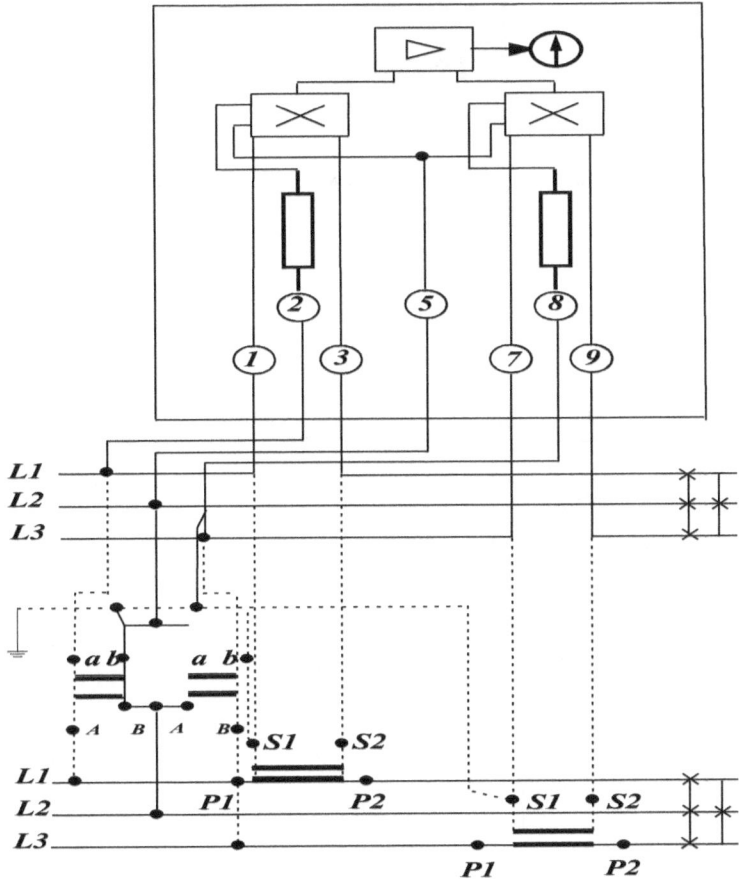

Voltímetro trifásico digital

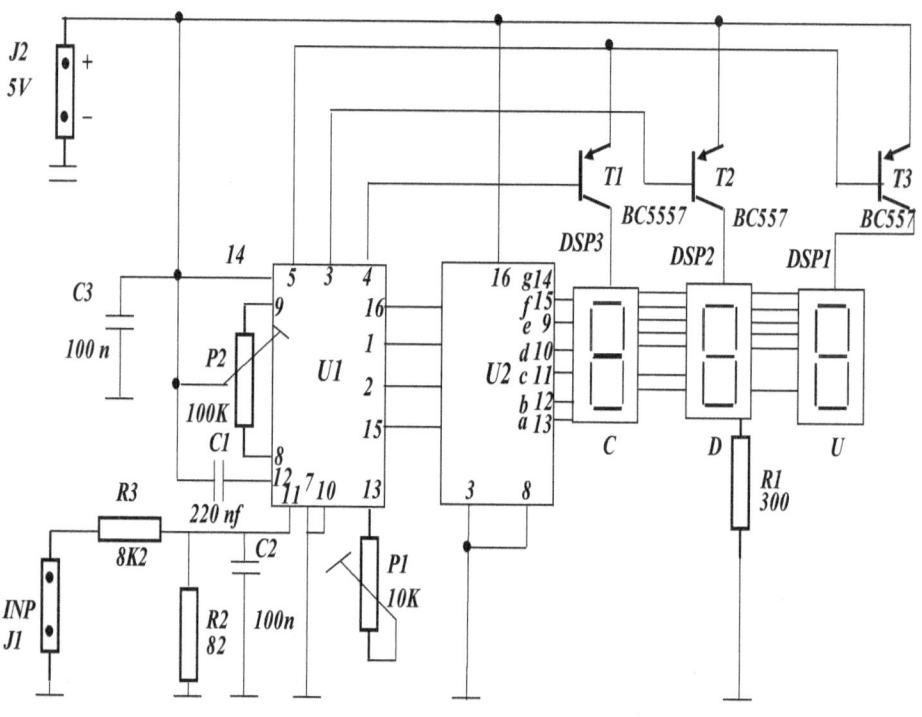

Conexión del voltímetro trifásico

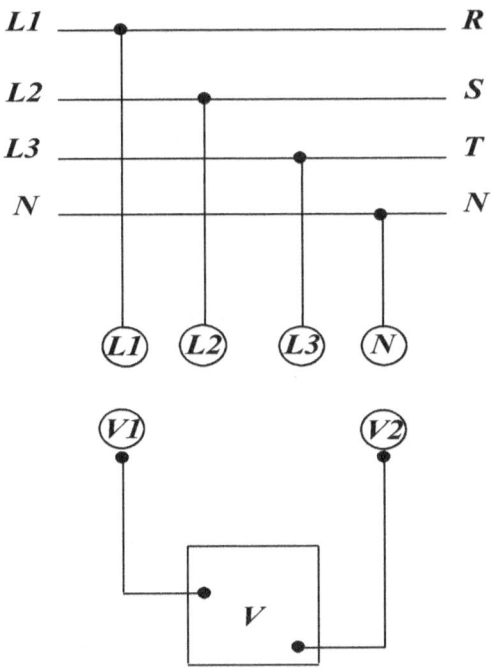

Ampérimetro
La función del ampérimetro es medir la intensidad de la corriente eléctrica; tanto la corriente alterna, como la continua.
Existen dos clases de ampérimetros, que son: analógico, y digital.

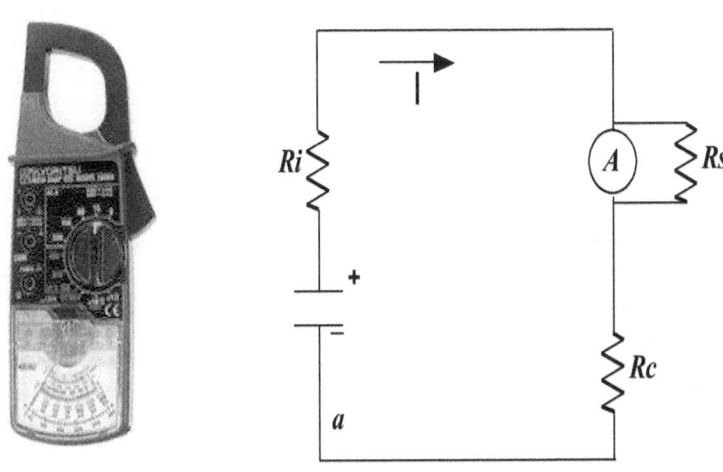

Amperímetro digital

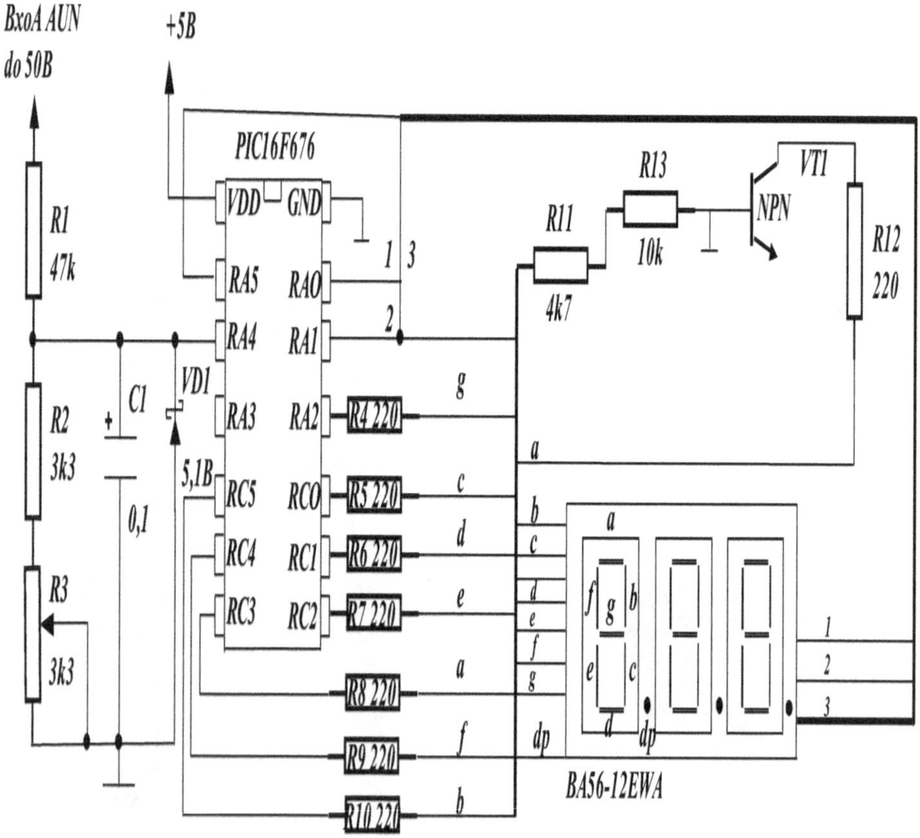

Amperímetro analógico trifásico

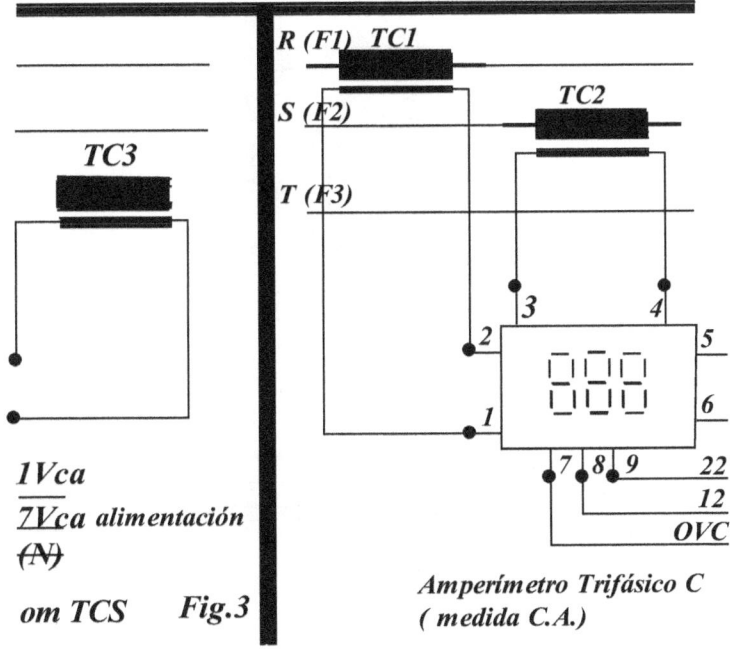

1Vca
$\overline{7Vca}$ alimentación
(N)

om TCS   Fig.3

Amperímetro Trifásico C
(medida C.A.)

Amperímetro digital trifásico

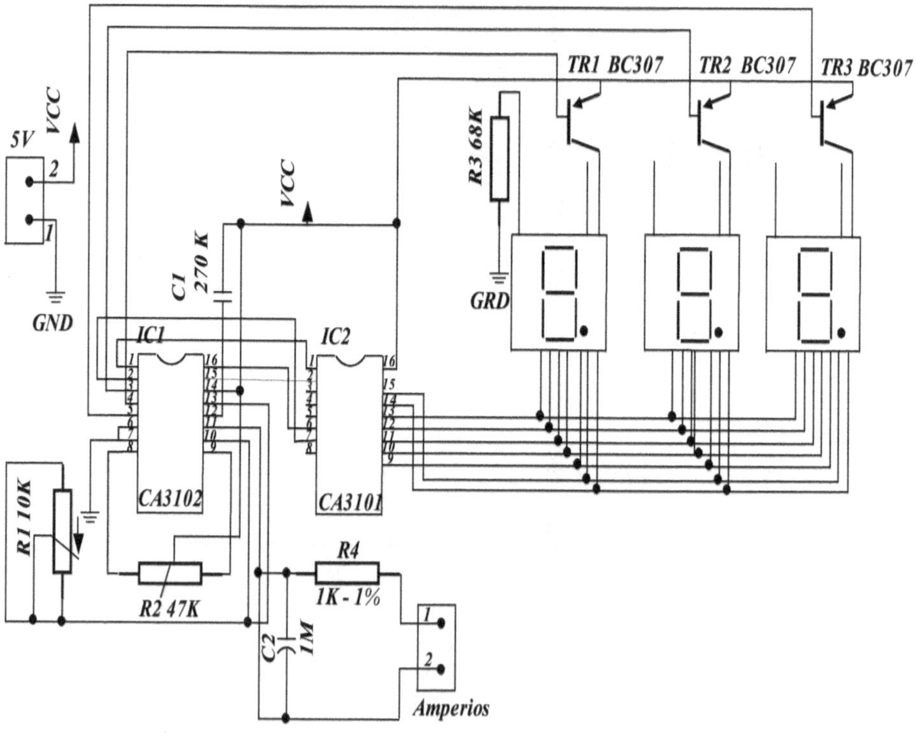

Conexión del amperímetro trifásico

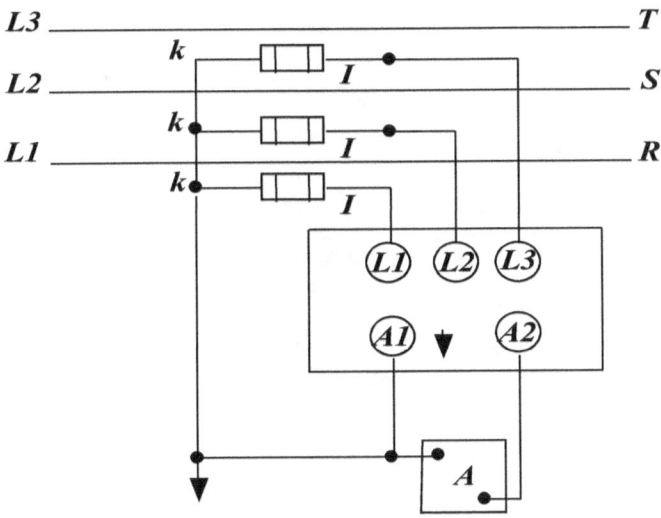

El óhmetro u ohmiómetro.
Es el instrumento que se utiliza para medir la resistencia eléctrica que transita por un circuito, oponiéndose la resistencia al paso de la corriente.

Ohmimetro, u ohmiometro analógico

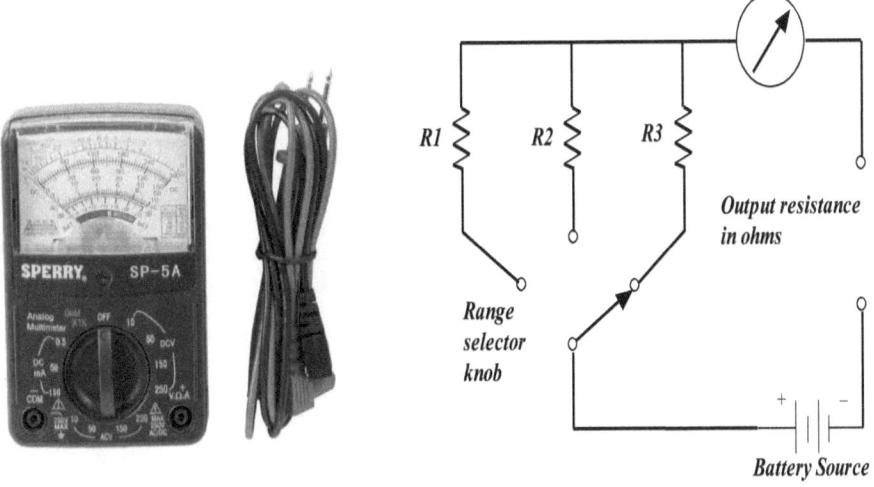

Ohmimetro, u ohmiometro digital

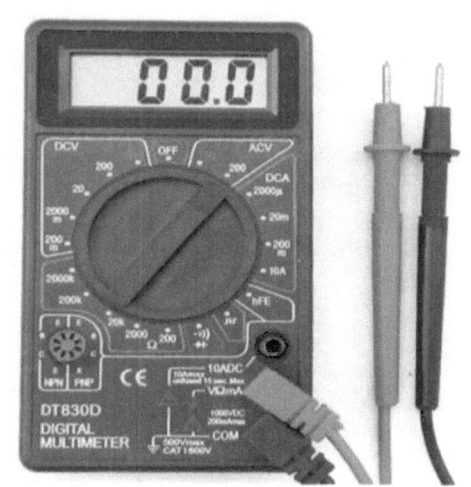

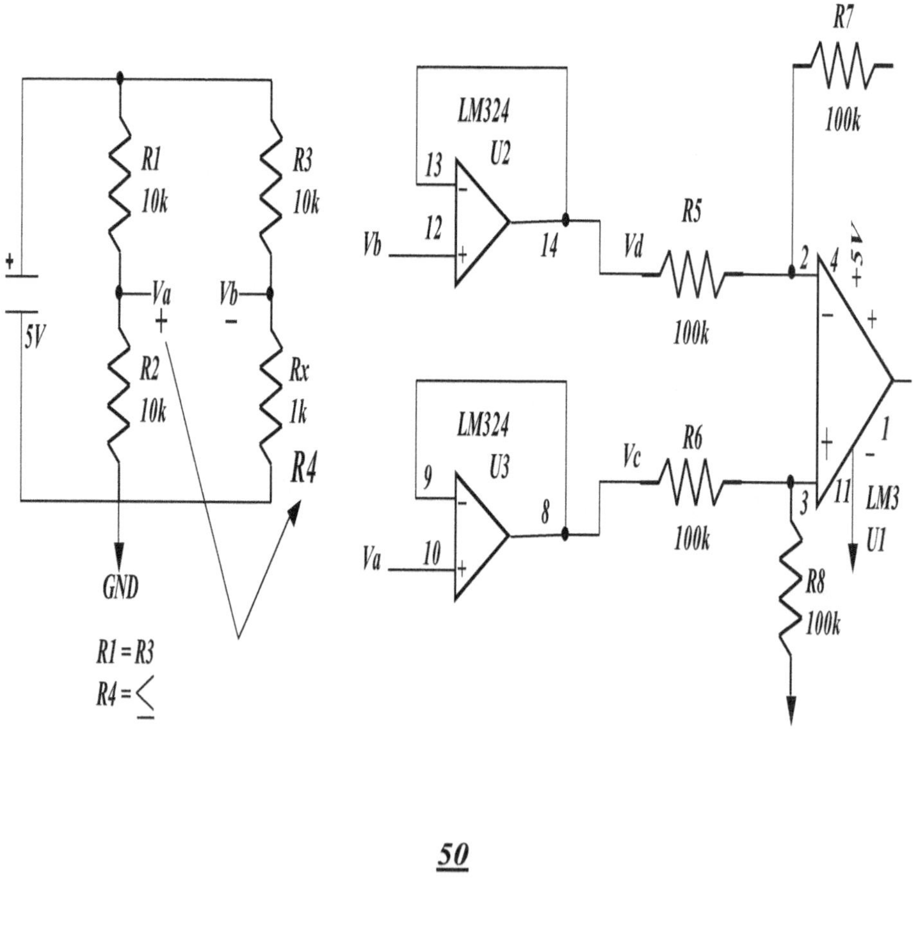

R1 = R3
R4 = ≤

Ohmiometro delta/estrella

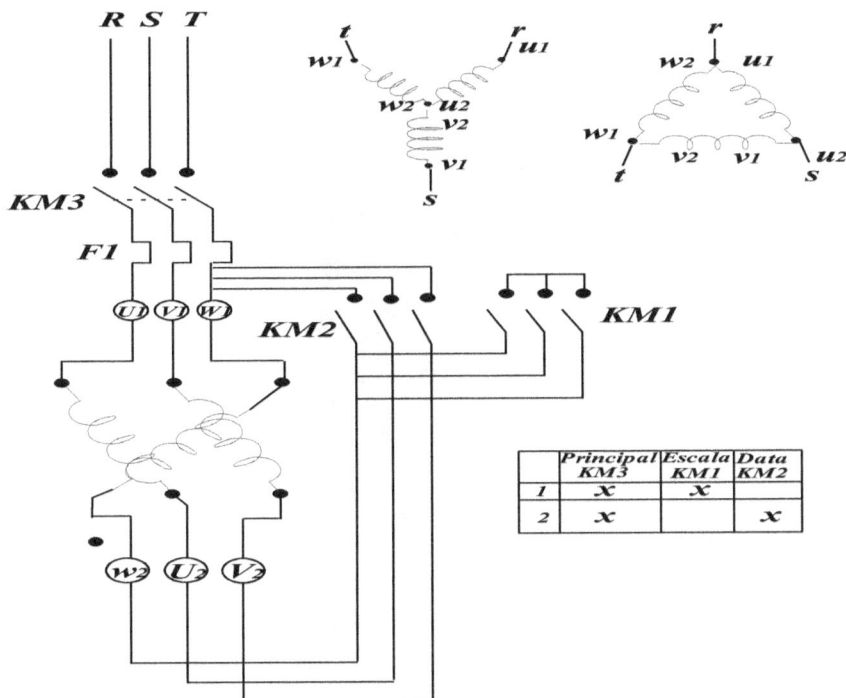

	Principal KM3	Escala KM1	Data KM2
1	x	x	
2	x		x

Megger
El megger o megómetro, se utiliza para garantizar una instalación eléctrica. Mejora la eficiencia y la eficacia, reduce los costos, y extiende los activos eléctricos de los clientes, y usuarios. También se utiliza para medir la resistencia de aislamiento de cualquier instalación eléctrica. Cuando pasa el tiempo, los aislamientos se deterioran; de ahí que el megómetro resulte adecuado para medir la resistividad de aisla miento de un bobinado, o cable de cualquier equipo; además se utiliza también para conocer los índices de polarización.

¿Cómo medir con un megger?
Lo primero es conocer su funcionamiento. Consta de 2 partes, un generador de c.c. para saber el valor de la resistencia, que es movido generalmente de forma manual, o eléctrica. El generador es el que realiza la medición, y consta de 2 imágenes en paralelo; contiene 2 cables (positivo, y negativo). Es necesario saber lo que se va a medir, incluyendo la zona de aislamiento.

Prueba de aislamiento de un Megger
*Es un instrumento que comprueba en su lectura la resistencia de aisla
miento en ohmios, megahomios, gigaohmios o teraohmios; indepen-
dientemente de su voltaje de prueba.*

Mecánico, manual, o analógico

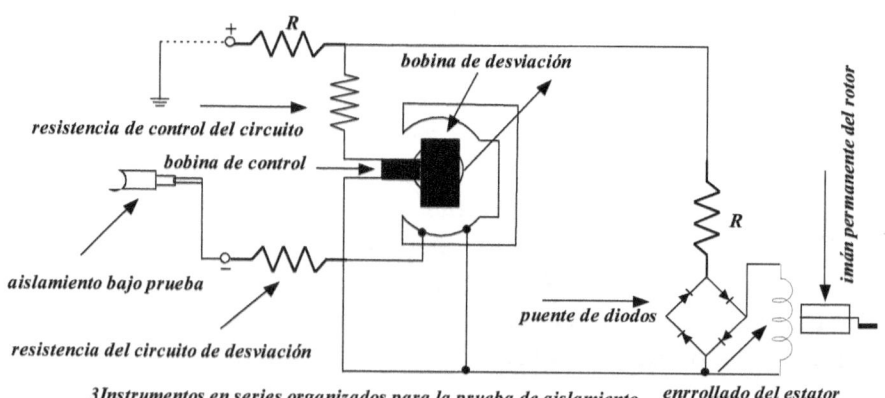

3Instrumentos en series organizados para la prueba de aislamiento

megger digital

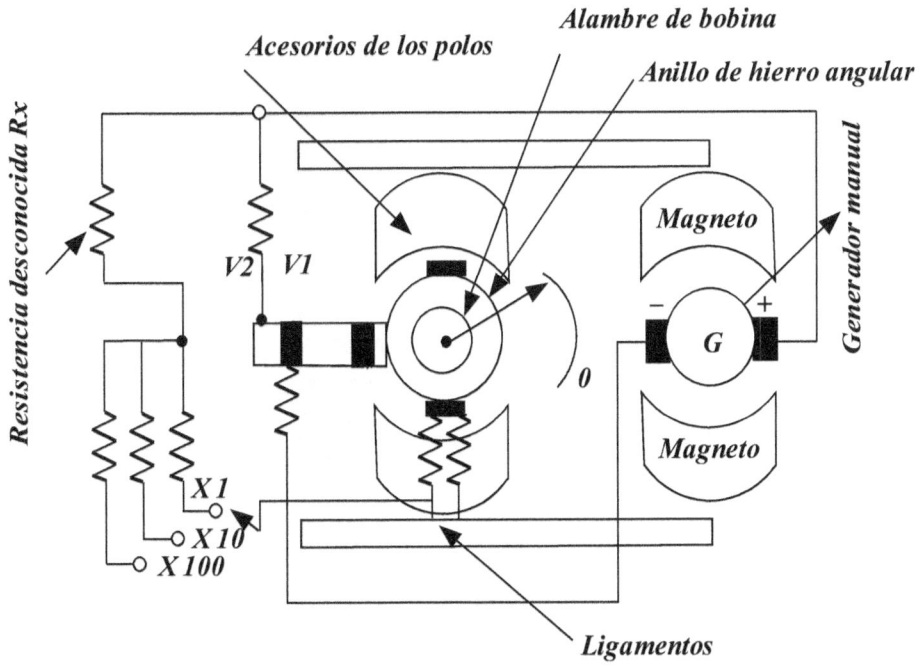

Cautín

El cautín, o soldador eléctrico es una herramienta sencilla, que se utiliza en el campo de la electricidad, y también en el campo de la electrónica, sirve para soldar con las manos, cables, alambres, etc.

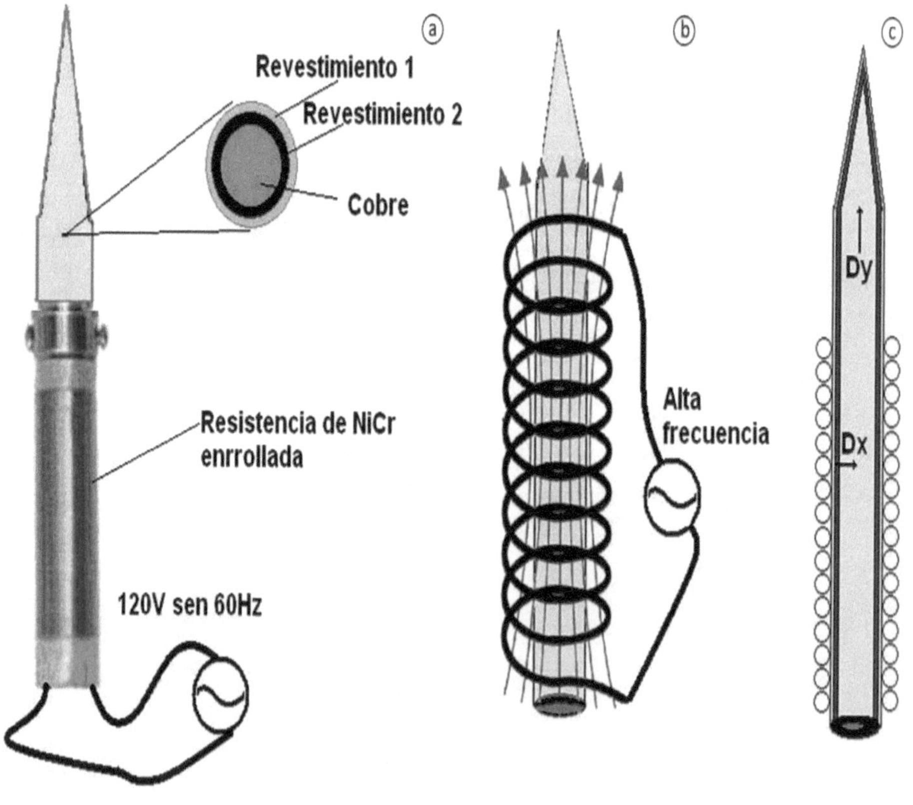

Probador de electricidad

Este instrumento detecta el paso de la corriente eléctrica. En su interior; tiene una resistencia, una pequeña ampolleta, y un fino resorte, o muelle unido a un botón situado en la parte superior.

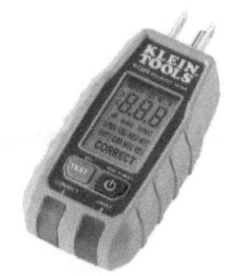

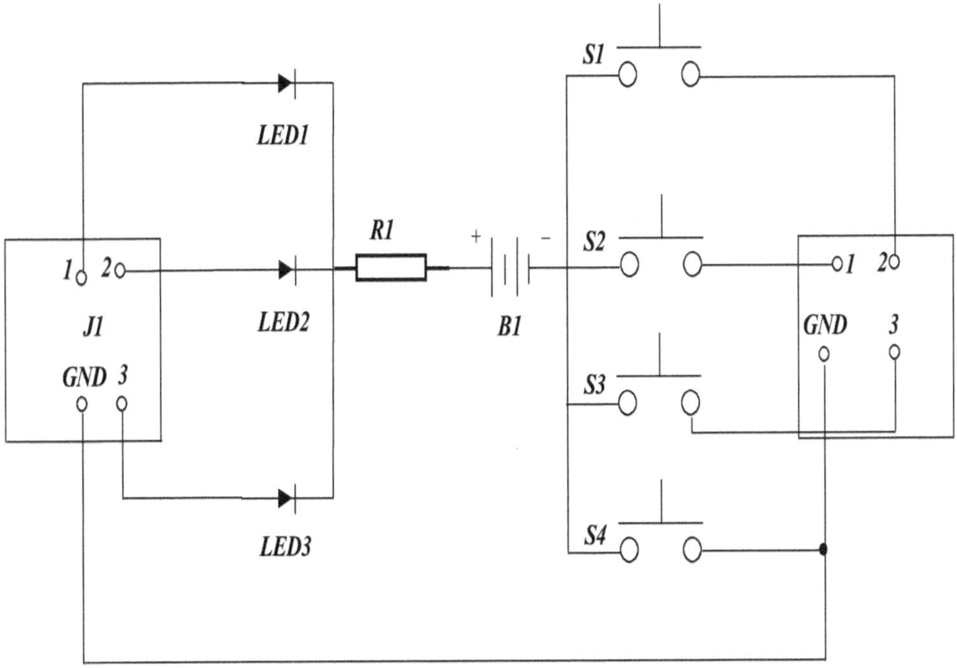

Wattmetro o vatímetro
Es un instrumento medidor de la potencia eléctrica de un circuito; me didor de vatios o julios x segundo, y se usa para conocer el consumo/hora de cualquier residencia, fábrica, o industria.

Vatímetro trifásico analógico

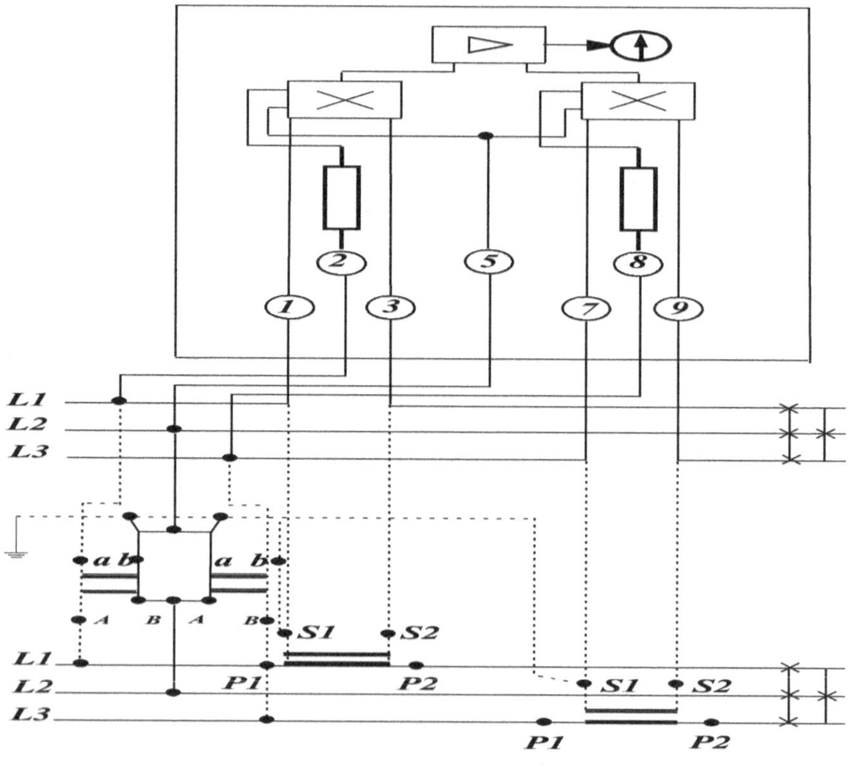

Vatímetro trifásico digital
Esquema de conexión del contador de 4 hilos para baja tensión en conexión directa

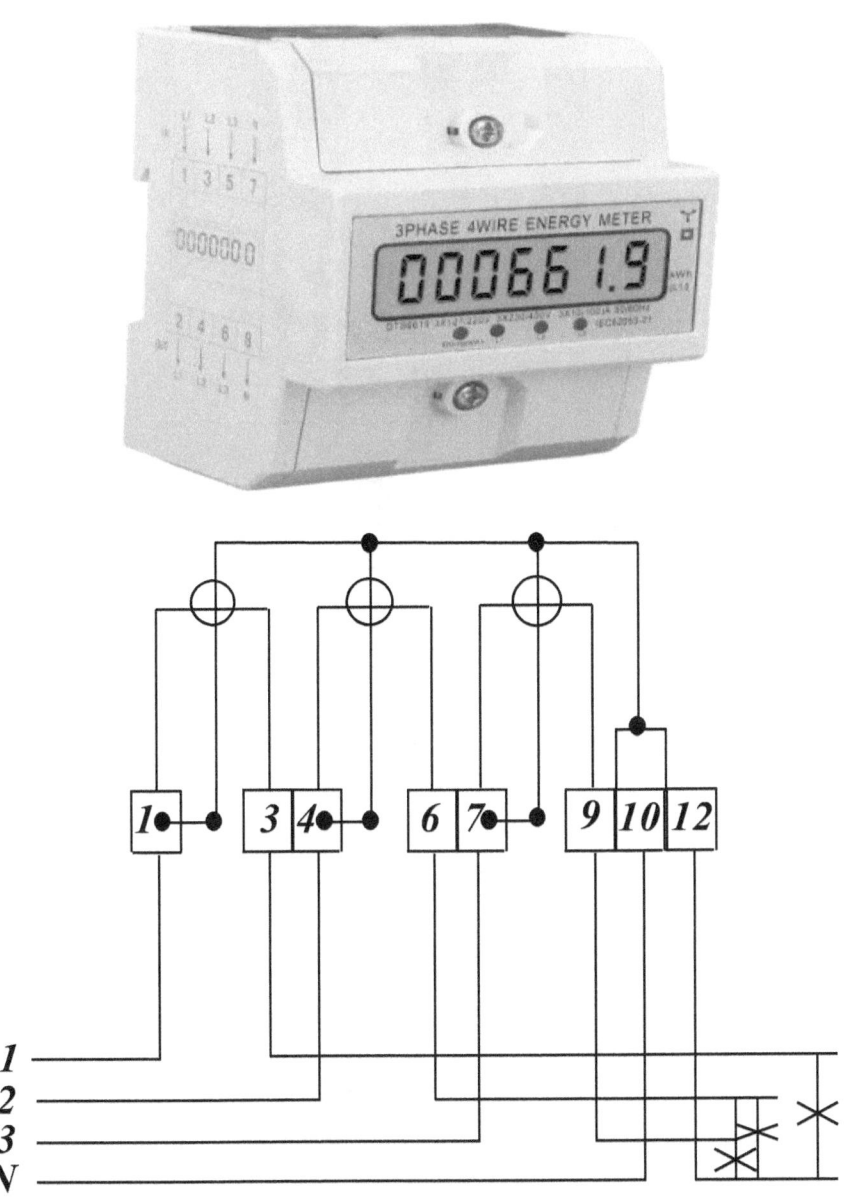

Cosímetro analógico
El Cosímetro (cosenofímetro, cofímetro, o fasímetro), es un instrumento, o aparato utilizado para medir el factor de potencia (cos Φ) de un circuito.

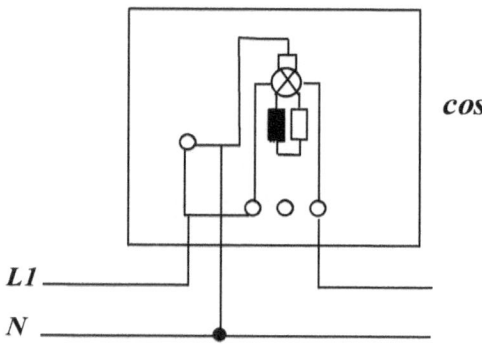

Comprobador de resistencia de tierra
Este comprobador de resistencia, es un instrumento que permite prever el valor de cualquier resistencia de tierra, y ajustarlo al valor deseado. Permite también que las medidas acaten el valor correcto de se guridad.

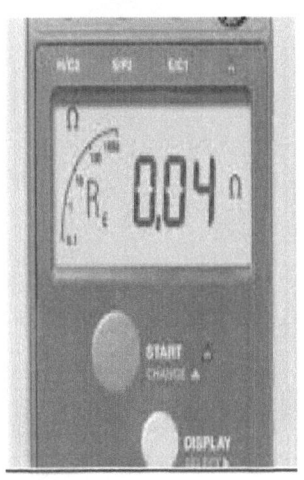

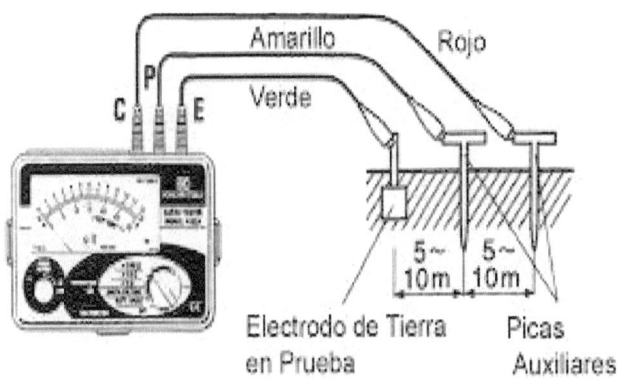

Comprobador de lámpara fluorescente.
Es el que permite enviar pulsos de energía que encienden la lámpara, si ésta contiene gas. Permite que las barras fluorescentes estén correc tas, a lo que se le llama *Prueba de Balasto*, que determina si el balasto está funcionando. El balasto es un dispositivo que regula la corriente en cualquier tubo fluorescente.

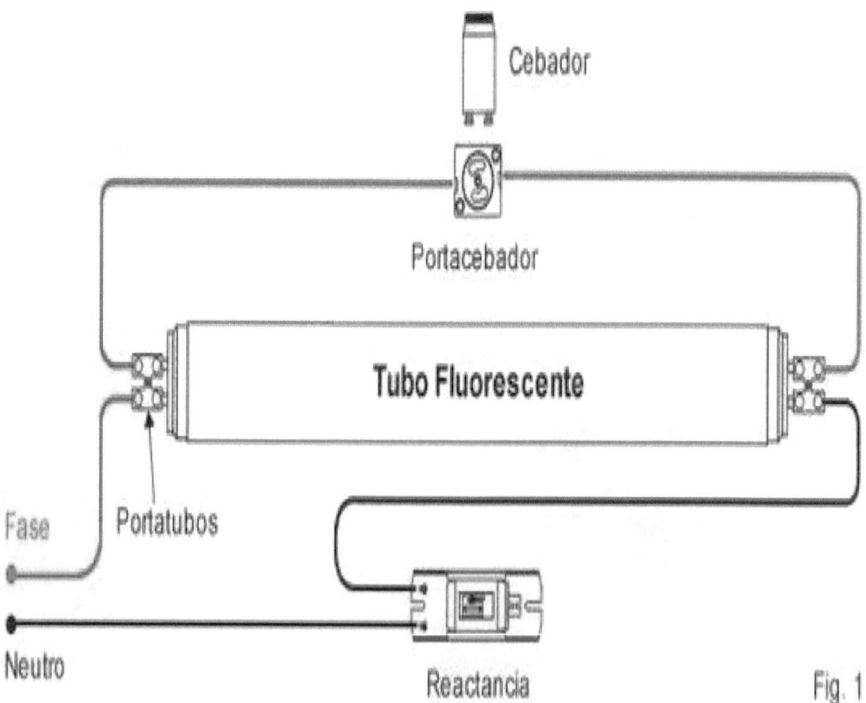

Fig. 1

Registrador de potencia trifásica.

Este es un instrumento que permite realizar medidas trifásicas, tales como identificar el ahorro energético, detallar la calidad y consumo de energía, así como determinar los problemas en las áreas que puedan resultar afectadas.

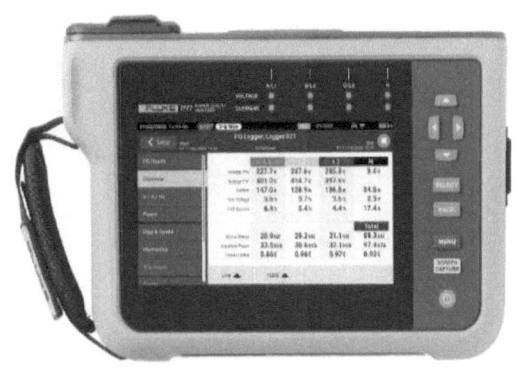

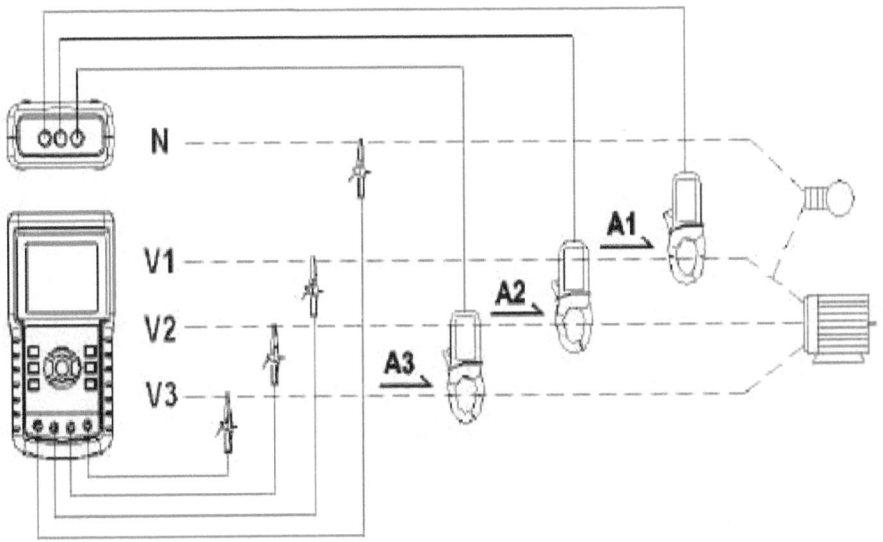

Probador de voltaje, o lámpara de prueba
Este instrumento es muy utilizado en las construcciones residenciales, industriales, y comerciales. Su utilidad es determinar si hay voltaje en la línea.

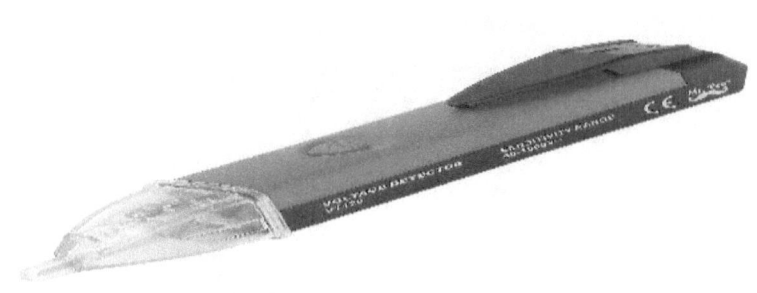

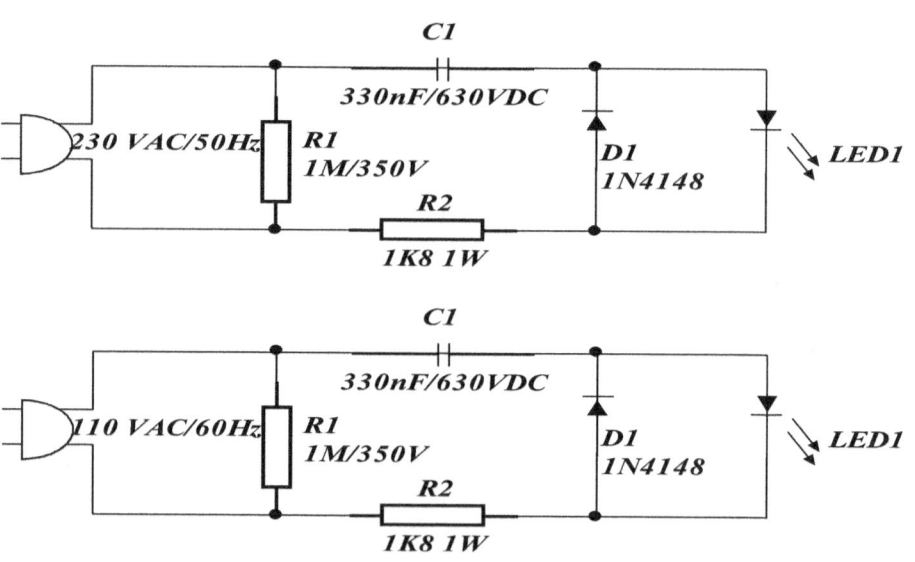

AC-line powered LED

Galvanómetro

El galvanómetro manual, o digital es un instrumento que se utiliza para medir la corriente eléctrica. Es un dispositivo que se emplea en circuitos eléctricos, para identificar la intensidad, y el sentido de la corriente eléctrica.

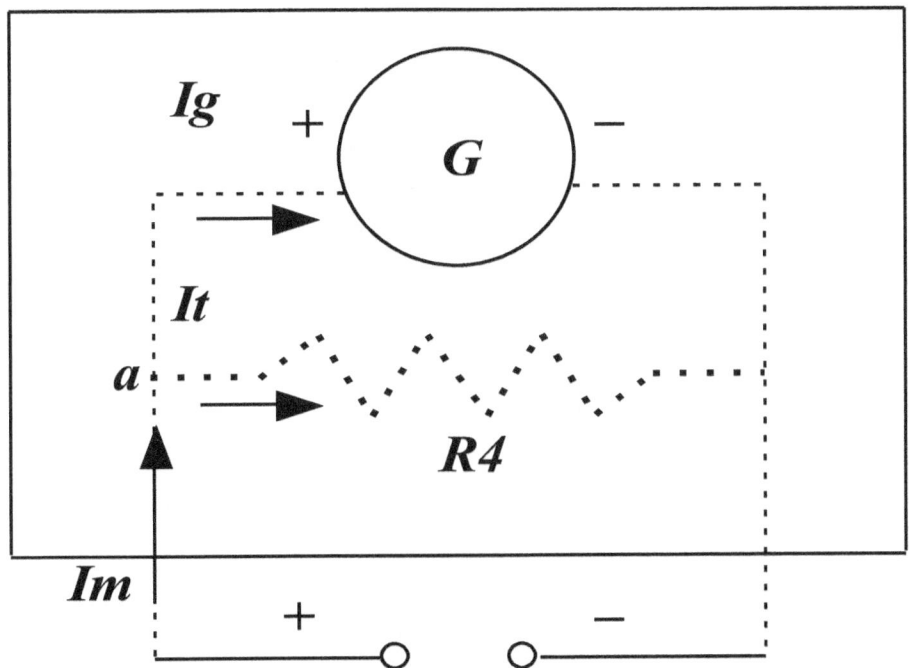

Analizador de espectro

Un analizador de espectro es un instrumento de medidas eléctricas y electrónicas, que se utiliza para conocer los espectros en diversas frecuencias.

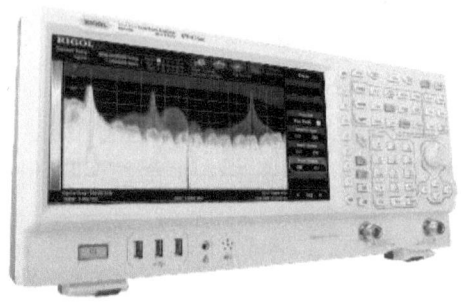

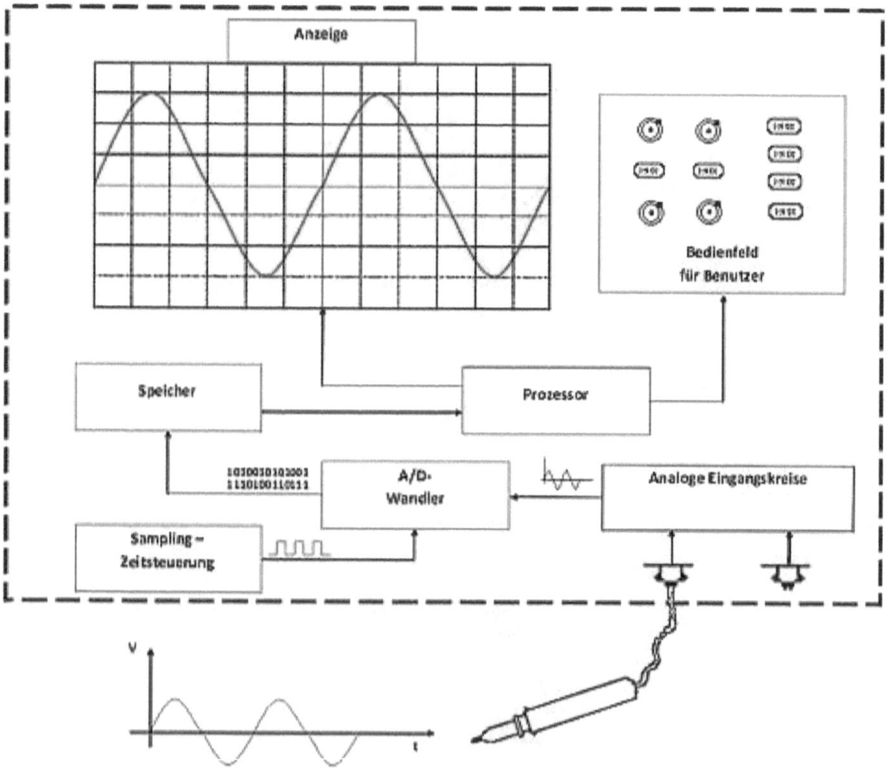

Monitor de energía
Un monitor de energía es un instrumento que registra el consumo de energía de una casa; es un medidor de energía. En los hogares representa apxóx. un 10% del consumo.

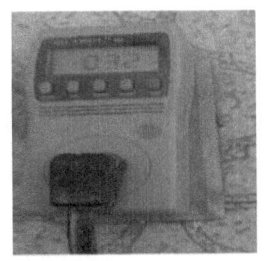

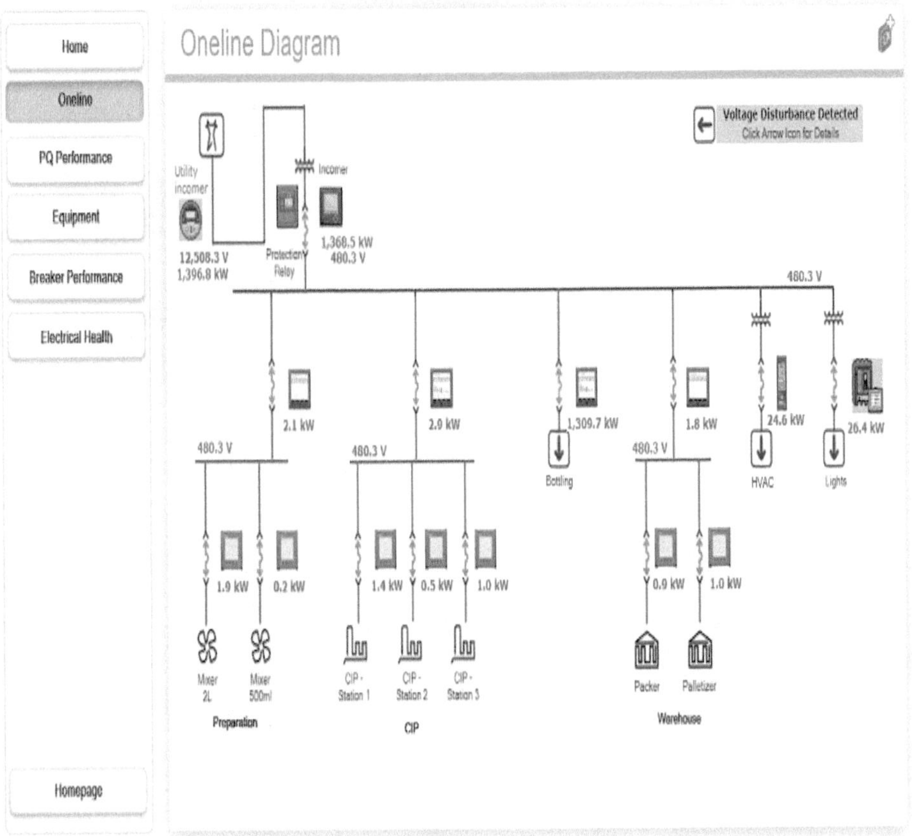

Frecuencímetro

El frecuencímetro manual o digital, es un instrumento que sirve para medir frecuencia; cuenta las repeticiones de ondas en su posición e in tervalo de tiempo, mediante un contador que aglomera el número de periodos/segundo. Es utilizado por técnicos en electricidad, electrónica, computación, etc.

analógico

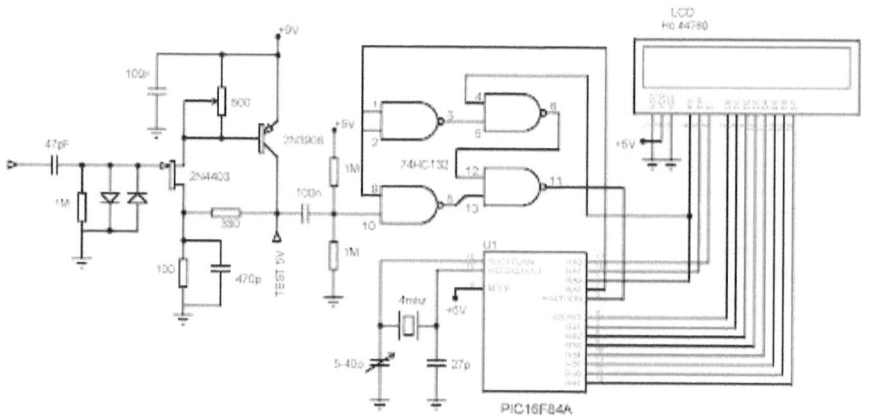

Digital

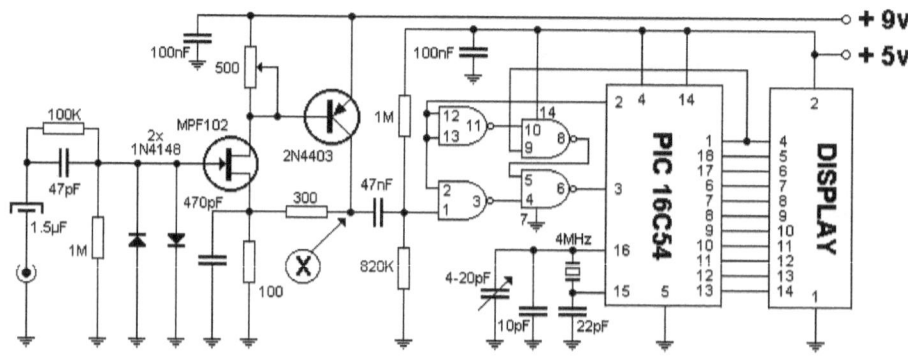

Analizador de la Red Eléctrica Trifásica

El analizador de la Red Eléctrica Trifásica GF-1000MP se utiliza para medir todos los parámetros eléctricos que se utilizan habitualmente, es decir:

-Voltaje   *Potencia*
Corriente   *Factor de potencia*
Frecuencia   *Energía Eléctrica*

El análisis de los elementos anteriores, facilita al usuario, realizar un estudio detallado de la Red Eléctrica Trifásica.

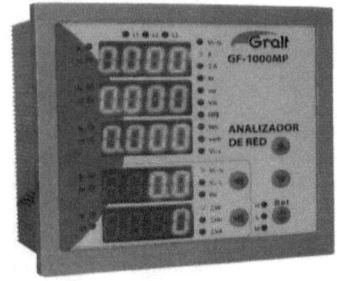

Diagrama de un analizador de red trifásico, con dos reles de salida.

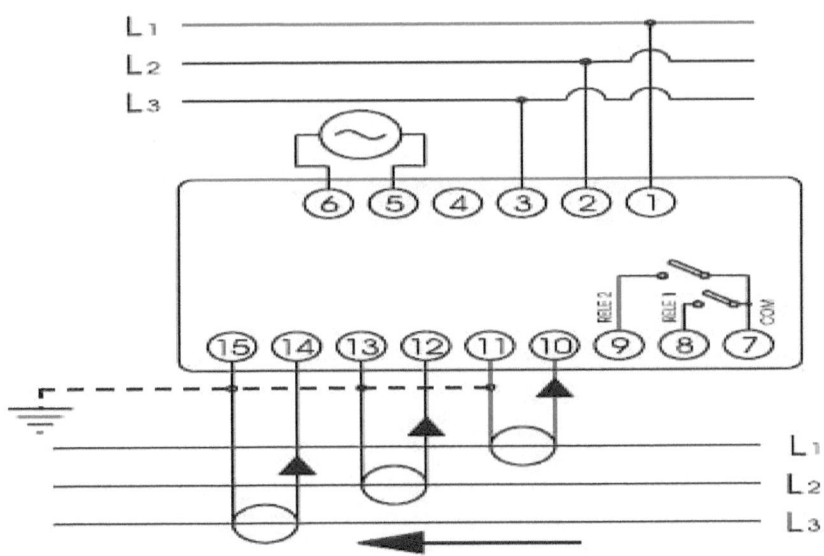

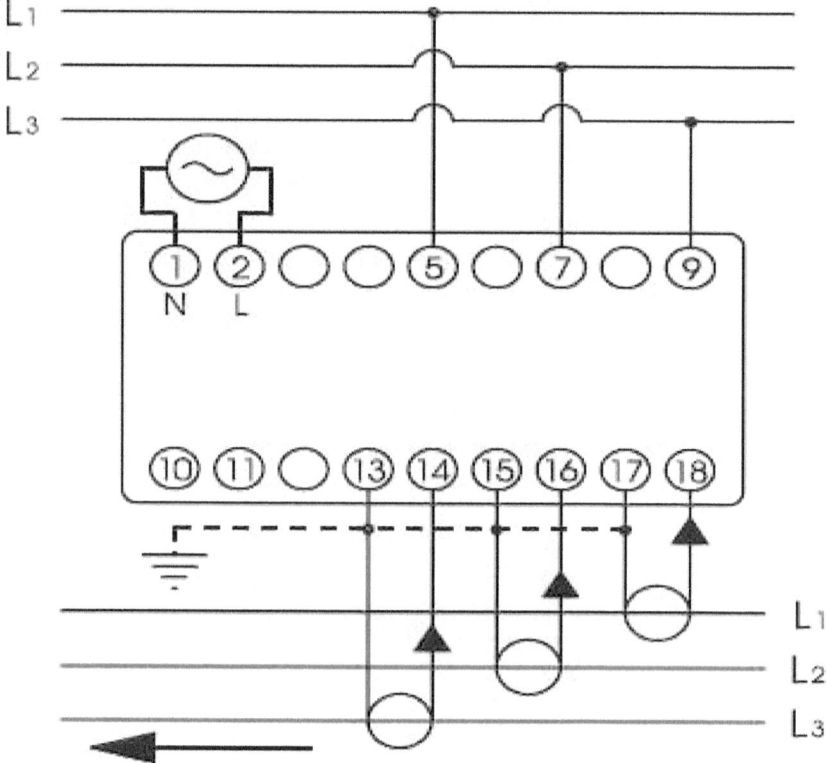

Instrumentos fundamentales para los electricistas

Comprobador de tensión sin contacto
Herramientas aisladas
Pinza amperimétrica
Multímetro
Multímetro con medida de aislamiento
Comprobador de lámparas fluorescentes
Comprobador de resistencia de tierra

Información necesaria

Como parte de su preparación general el técnico electricista debe recordar que un circuito eléctrico es una interconexión de componentes eléctricos tales, que la carga eléctrica fluye en un camino cerrado, por lo general para ejecutar alguna tarea útil.

En los circuitos que existen en las viviendas, industrias, etc, los cables están cubiertos con una capa de plástico aislante de diferentes colores.

El cable que lleva la electricidad suele ser de un color y el que la regresa es de otro color, así los electricistas construyen los circuitos sin errores.

Como medida de seguridad el electricista nunca debe manipular un cable eléctrico, sin antes haber cortado la corriente, ya que existe el peligro de una descarga eléctrica que puede ser muy peligrosa.

Los circuitos eléctricos pueden clasificarse de la siguiente forma:

Tipos de señal	Tipos de componentes
corriente continua	eléctricos
corriente alterna	electrónicos (digitales, analógicos, y mixtos)
Tipos de régimen	Tipos de configuración
periódica	serie
corriente transitoria	paralelo
permanente	mixtos = serie-paralelo

Reparación y mantenimiento eléctrico.

Las labores de reparación y mantenimiento eléctrico constituyen dos de las funciones qué con mayor frecuencia, realiza el técnico electricista. Este trabajo tiene lugar en áreas residenciales, comerciales, de entretenimiento etc. Por todo lo anterior, es de vital importancia la siguiente información, que el electricista reparador, debe conocer.

a Subestación eléctrica.
Esta instalación está destinada a modificar y establecer los niveles de tensión de una infraestructura eléctrica, para facilitar la transmisión y distribución de la energía eléctrica. Su equipo principal es el transformador. Normalmente, la subestación está dividida en tres secciones principales, y las demás son derivadas.

El electricista reparador debe conocer lo siguiente, al realizar esta labor.

Secciones principales:
Sección de medición.
Sección para las cuchillas de paso
Sección para el interruptor

Las secciones derivadas llevan interruptores, hacia los transformadores. Las subestaciones eléctricas pueden clasificarse en *elevadoras* y *reductoras*.

Las subestaciones elevadoras, por lo general están situadas en las inmediaciones de las centrales generadoras de energía; su principal función es elevar el nivel de *tensión*, hasta 132, 220, e incluso 400 Kv antes de entregar la energía a la red de transporte.

b *La red de transporte*.

Es la parte del sistema de suministro eléctrico, que posee los elementos indispensables que permiten llevar la electricidad hasta los puntos de consumo, a través de largas distancias.

Los niveles de energía eléctrica deben ser transformados, elevándose el nivel de tensión. Esto se hace teniendo en cuenta que para un determinado nivel de potencia a transmitir, al elevar la tensión, se reduce la corriente que circulará, reduciéndose las pérdidas, por *Efecto Joule*. De ahí que se coloquen subestaciones elevadoras en las cuales se efectúa dicha transformación mediante el empleo de *transformadores*. Usualmente, la red de transmisión emplea voltajes de 220 Kv, y superiores, llamados alta tensión, de 400 a 500 Kv.

El *voltio*, o *volt*, por símbolo V, es la unidad derivada del Sistema Internacional para el potencial eléctrico, la fuerza electromotriz, y la tensión eléctrica. Su nombre rinde honor a *Alessandro Volta*, quien en 1800 inventó la *pila voltaica*, la primera batería química.

La *alta tensión* eléctrica se refiere a la instalación eléctrica que genera, transporta, transforma, y utiliza energía con tensiones superiores a los siguientes límites:

Corriente alterna: superior a 1,000 voltios.

c *Líneas de transporte*

Las líneas de transporte forman parte de la transportación de energía, que están constituidas, tanto por el elemento conductor (cables de acero, cobre o aluminio, etc.) como también por las torres de alta tensión, que son los elementos de soporte.

Existe una gran variedad de torres de transmisión, dentro de las que se destacan las torres de *amarre*, que se utilizan cuando es necesario *dar un giro con un ángulo determinado, para cruzar carreteras, evitar obstáculos, y también cuando es necesario elevar la línea para subir un cerro, y pasar por debajo, o por encima de una línea existente.*

Las llamadas <u>torres</u> de <u>suspensión</u>, son las que no deben aguantar, o soportar otro peso, a no ser el peso del propio conductor.

<u>Capitulo III</u>
<u>Fuentes de energía.</u>

a. <u>Energías Primarias (Renovables)</u> Un fenómeno <u>físico</u>, o <u>químico</u>, que hace posible la explotación de su energía, generalmente es considerado <u>una fuente</u> de <u>energía</u>. Los especialistas que durante largo tiempo se han dedicado al estudio de esta temática, actualmente proponen diversas clasificaciones de acuerdo con la naturaleza, origen, sostenibilidad, y otras características de dichas fuentes; a continuación hacemos referencia a algunos de los criterios más aceptados.

1. Provienen de un fenómeno <u>natural</u>, y no han sido transformadas. Ejemplos: el Sol, el <u>viento</u>, las <u>corrientes</u> de <u>agua</u>, la <u>biomasa</u>, y los <u>minerales energéticos</u>, o <u>radioactivos</u>.

Su reserva no disminuye durante el tiempo de explotación, por lo que también se consideran, <u>renovables</u>. Ejemplos: la <u>hidroeléctrica</u>, energía <u>eólica</u>, <u>geotérmica</u>, <u>mareomotriz</u>, etc.

a. Energía <u>undimotriz</u>, u <u>olamotriz</u>. Es la que permite la obténción de electricidad, a partir de la energía generada por el <u>movimiento</u> de las olas. En la actualidad esta es uno de los tipos de energías renovables más estudiado. Presenta muchas ventajas, porque es más fácil predecir buenas condiciones en el oleaje, que en otros procesos, como por ejemplo en <u>los vientos</u>, para obtener <u>energía eólica</u>.

El sol como fuente de energía alternativa

Molino de viento. Eólica (aprovechamiento del aire)

Corrientes de agua (hidroeléctrica)

Relámpago: manifestación de los choques electromagnéticos, formando arcos eléctricos (choque de electrones)

Paneles solar
Energía alternativa, o energía limpia

a. Energías Secundarias (No-Renovables)

En este grupo se consideran las que son resultado de la transformación de las energías primarias, para obtener otra forma específica de energía. Ejemplos: la energía eléctrica producida por la energía química de diferentes combustibles, utilizados para el transporte, la calefacción, etc.

En este grupo, la reserva energética, sí disminuye durante su explotación. Este es el caso de los combustibles fósiles: carbón de piedra, o hulla, gas natural, y energía nuclear.

Los recursos renovables, se encuentran en la Naturaleza en cantidades limitadas, y se distribuyen de manera desigual en el planeta. El suelo, la flora, y la fauna, son recursos renovables.

Los recursos no-renovables están disponibles en el planeta, en una cantidad fija, aunque a veces varían en el tiempo. El carbón, el gas natural, el petróleo, y otros, son fuentes no renovables que demoran muchos miles, o millones de años en generarse.

Los materiales radiactivos no se regeneran.

Existe un tercer criterio que clasifica las energías en limpias, y sucias. A las limpias se les valora positivamente, desde el punto de vista ecologista; en su mayor parte estas energías coinciden con las renovables.

Las energías sucias son las valoradas negativamente, y en su mayor parte coinciden con las no-renovables.

Se pueden considerar otros criterios acerca de las fuentes de energías, como por ejemplo, su diferenciación en sostenible y no-sostenible. En ecología, el concepto de sostenibilidad describe como los sistemas biológicos se mantienen diversos y productivos con el transcurso del tiempo, como muestra del equilibrio entre las especies y los recursos en su entorno.

b. Fuentes de energías alternativas

Se consideran energías alternativas, aquellas fuentes como alternativas diferentes de las fuentes tradicionales clásicas. Algunos autores incluyen en este grupo, el concepto de energía renovable, o verde, mientras que otros consideran a todas las fuentes que no implican la quema de los combustibles fósiles.

Biomasa. Caña de azúcar, o alcohol etílico (letanol)

Biomasa. Energía verde. Renoblable. <u>biodiésel</u>

La utilización de la energía eléctrica ha marchado paralelamente con el desarrollo de la <u>historia</u> de la <u>Humanidad.</u> Entre 1820 y 1840, después del Neolítico, ocurrió el mayor conjunto de transformaciones económicas, tecnológicas, y sociales. A este período se le ha denominado Primera Revolución Industrial, durante la cual la sociedad pasó de una <u>economía</u> <u>rural</u>, basada en la agricultura, y el comercio, a una economía de carácter <u>urbano</u>. Esto fue posible por la necesidad de uti lizar la <u>máquina</u> de <u>vapor</u>, el motor de <u>combustión</u> <u>interna</u>, y la energía eléctrica. Es decir, el logro de un <u>progreso</u> <u>tecnológico</u> sin precedentes.

<u>Generación</u> <u>de</u> <u>diferentes</u> <u>tipos</u> <u>o</u> <u>clases</u> <u>de</u> <u>energías</u>

En general, la generación de energía eléctrica, es la transformación de alguna clase de energía, (química, cinética, térmica, lumínica, nuclear, solar, etc.) en energía eléctrica.

Las centrales eléctricas, como primer escalón en el sistema de suministro eléctrico, se diferencian de acuerdo con los siguientes factores: Por el <u>período,</u> o <u>ciclo</u> en que se planifica su utilización.

Según la <u>fuente</u> <u>primaria</u> de <u>energía</u> que se utilice, que a su vez se puede clasificar como sigue:

De <u>base</u> (nuclear, y eólica.
De <u>valle</u> (termoeléctrica de combustibles fósiles)
De <u>pico</u> (principalmente la hidroeléctrica), aunque los combusti bles fósiles también pueden utilizarse <u>como</u> <u>base.</u>

Capitulo IV
La ingeniería eléctrica, o ingeniería electricista.
Es el campo de la ingeniería que se ocupa del estudio y aplicación de la electricidad, la electrónica, y el electromagnetismo. Además, aplica conocimientos de las ciencias físicas, y las matemáticas para diseñar sistemas y equipos que permiten generar, transportar, distribuir, y utilizar la energía eléctrica.

Es necesario que el técnico electricista conozca que existen distintos tipos de corrientes eléctricas.

Diferentes tipos de corrientes
a) Corriente o electricidad continua o directa(c.c. o (c.d.)
b) Corriente o electricidad alterna. (c.a.)
c) Corriente o electricidad(electroquímica)
d) Corriente o electricidad(atmosférica)

La corriente directa o continua, es la que fluye en una sola dirección, y en forma continua, ya que la misma viaja a través de pulsos positivos. No tiene valores negativos; es una corriente que no cambia de sentido con el tiempo. En comparación con la corriente alterna (C.A. en español, AC en inglés, de Alternating Current)

Diversas clases de energías
Solar = paneles solar
Eólica = a través del viento
Hidráulica = a través del agua
Mecánica = a través de cualquier presión
Magnética = a través del magnetismo
Calorífica = a través del calor
Lumínica, o luminosa = a través de la luz
Química = a través de las reacciones químicas
Fósiles(descomposición en el subsuelo) = petróleo
Térmica(a través del calor del subsuelo)

Energías irregulares
Las tormentas
Los tornados
Los huracanes
Los sismos

Los temblores de tierra
Los terremotos
Los maremotos
Las erupciones volcánicas
Las avalanchas de tierra, lodo, nieve, etc.
incluyendo los choques electromagnéticos.

La corriente alterna, viaja a gran distancia, y no tiene límites. Es producida por los alternadores de plantas energéticas. Es muy peligrosa, y también es muy costosa. Está basada en periodos/segundos. También la <u>corriente alterna</u>, es la <u>oposición</u> que un condensador ofrece al flujo de corriente alterna; a esto también se le denomina, <u>reactancia capacitiva</u>. Se expresa en corriente alterna, y su símbolo es, c.a.
  Existe una gran variedad de motores de c.a., entre ellos, hay 3 tipos básicos: el <u>universal</u>, el <u>síncrono</u>, y el <u>jaula</u> de <u>ardilla</u>.

Corriente alterna 3Θ vectorial (está desfasada a 120° cada fase)

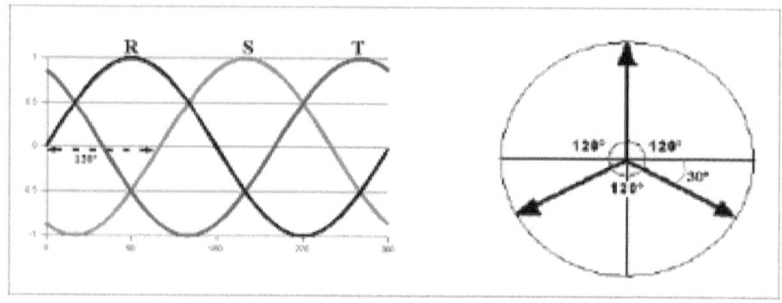

La electricidad, y las reacciones químicas.
La electroquímica es la rama de la química que estudia la transformación entre la energía eléctrica y la energía química.

La electricidad atmosférica, es la variación diurna de la red electromagnética de la atmósfera mundial; se puede afirmar que es cualquier sistema eléctrico en la atmósfera de un planeta.
La superficie de la Tierra, la atmósfera, y la ionosfera, se conocen como el circuito eléctrico" atmosférico mundial.
Los experimentos han demostrado que siempre hay electricidad libre en la atmósfera, la cual unas veces es negativa, y otras, positiva. La mayoría de las veces es positiva. La intensidad de esta electricidad libre de magnetismo, es mayor al mediodía que por la mañana, o la noche. Es mayor en invierno, que en verano.
El fenómeno de la electricidad atmosférica pueden ser de tres tipos:
El de las tormentas.

El de la electrificación continua en el aire.

El de la aurora polar, boreal, o austral.

Formas de ondas, o manifestaciones de la Corriente sinusoidal.
Si representamos gráficamente el movimiento de la corriente eléctrica, a través de un osciloscopio, se observa que ese movimiento ocurre en forma de curvas, o corriente sinusoidal. La siguiente clasificación, describe diversas manifestaciones de la corriente sinusoidal.

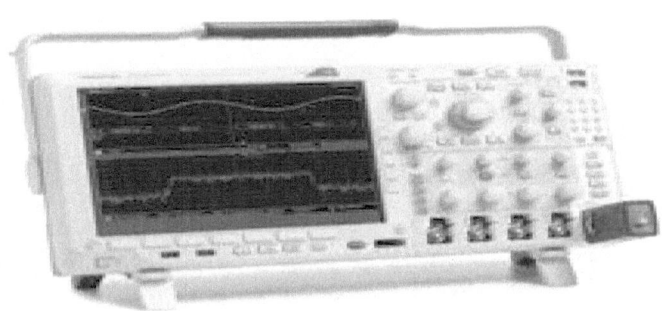

Osciloscopio

Un osciloscopio es un instrumento de medición, y representa una gráfica de amplitud en su eje vertical, y tiempo en su eje horizontal. Es muy usado en el campo de la electricidad, la electrónica etc. Se complementa con un multímetro. Su banco de trabajo se complementa con un analizador de espectro. Los valores de las señales eléctricas están representadas en forma de coordenadas; en la que el eje X (horizontal), representa el tiempo, y el eje Y (vertical) representa voltajes. La imagen obtenida se denominan oscilograma.

El osciloscopio análogo, o de fosforo digital, suele obtener otra entrada o control en el eje "Z", el cual controla la luminosidad del haz de luz y permite resaltar, o apagar algunos segmentos, dependiendo de su frecuencia de repetición, o velocidad del tiempo en transición.

Un osciloscopio, además de dar a conocer la amplitud de un voltaje y su frecuencia, sirve para captar y diferenciar las distintas corrientes alternas a la principal. Además, permite identificar fallos presentes en una señal.

1 Corriente pulsante, o pulsatoria.
2 Cuadrática.
3 Estática o estacionaria.
4 Conversión de la corriente alterna en continua.

<u>*Onda*</u> <u>*pulsante, o pulsatoria,*</u> *es aquella que corre a través de un conductor en forma de pulsaciones, y se asemeja bastante a la corriente alterna, ya que sus características son muy similares.*

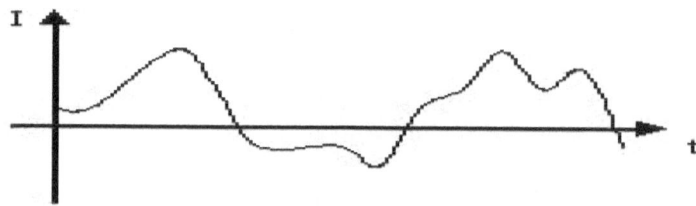

<u>*Onda*</u> <u>*cuadrática.*</u> *Esta onda es muy utilizada en los laboratorios experimentales.*

harmonics: 1

La corriente estática o, estacionaria, es la que se produce en un conductor, de forma que la densidad de carga(p), de cada punto del conductor, es constante; mientras que una onda estacionaria es una forma continua normal.

Conversión de la corriente alterna en continua
La conversión se hace mediante diodos rectificadores en los equipos, y en los motores, mediante el colector. Esto trae por resultado, la onda filtrada.

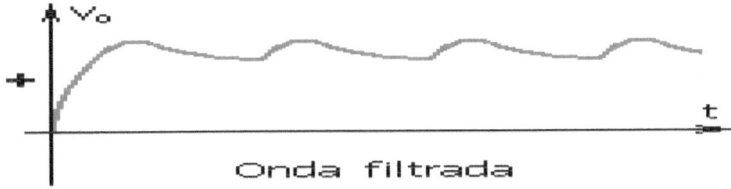

Onda filtrada

memorizar
Potencia, Voltaje, Intensidad, y Resistencia

$Potencia = R.I^2, \quad I.V, \quad \dfrac{V^2}{R}$

$Voltage = I.R, \quad P.I, \quad \sqrt{P.R}$

$Intensidad = \dfrac{\sqrt{P}}{R}, \quad \dfrac{P}{V}, \quad \dfrac{V}{R}$

$Resistencia = \dfrac{V^2}{P}, \quad \dfrac{P}{I^2}, \quad \dfrac{V}{I}$

Materiales conductores, semi-conductores, no-conductores, y dieléctricos.
Estos son los materiales que le dan paso al flujo de electrones, bajo ciertas condiciones físicas, o químicas.
Los materiales eléctricos conducen carga, mientras los no eléctricos pierden carga.

Conductores.

Oro, plata, cobre, aluminio, etc.

Semi-conductores.
Germanio, silicio, y manganesio, entre otros.

Los de más renombre en la actualidad son: El silicio y el germanio. Ambos componentes se encuentran diseminados en la superficie terrestre; por lo que su costo de adquisición, como materia prima es totalmen- te bajo, y su tecnología es muy costosa.

No-conductores.
Son aquellos que ofrecen resistencia al paso de los electrones por su superficie. Ejemplos de materiales aislantes tenemos:
Cristal, plástico, goma, cerámica, etc.

Materiales dieléctricos, y sus aplicaciones.

Se debe considerar que todos son aislantes, pero no todos los aislantes son dieléctricos, es decir, que no tienen la propiedad de formar dipolos eléctricos en su interior, bajo la acción de un campo eléctrico.

Ejemplos de estos materiales son: la goma, petróleo, cera, papel, madera seca, porcelana, y baquelita.

El término "dieléctrico", de origen griego, que significa "a través de" fue concebido por William Whewell en respuesta a una petición de Michael Faraday.

Aplicaciones de los dieléctricos

Los más utilizados son el aire, el policloruro de vinilo, y el papel. Su introducción en un condensador aislado de cualquier batería puede tener serias consecuencias, como las sgtes:

Comenzar a disminuir el campo eléctrico entre las placas del condensador.

Disminución en la variación del potencial entre las placas, con una relación en Vi/k.

Se incrementa la diferencia de potencial máxima, que el condensador pueda resistir sin que salte una chispa entre las placas, y cause una ruptura eléctrica. Aumento de la capacidad eléctrica del condensador en k veces.

La carga no se afecta porque permanece, la misma que fue cargada, cuando el condensador estuvo sometido a un voltaje.

Un dieléctrico se convierte en conductor cuando se sobrepasa el campo de ruptura del dieléctrico. Este $V_{máx}$ se llama rigidez eléctrica. Esto significa que si se amplía el campo eléctrico que pasa por el dieléctrico, dicho material se convertirá en un conductor.

La capacitancia con un dieléctrico llenando la parte interior de un condensador (plano-paralelo) estaría dado por:

C= capacitancia de un condensador
k = konstante
€o = permisibilidad eléctrica del vacío
    A = amperes
    d = dieléctrico

$$C = \frac{k€oA}{d}$$

La conductividad eléctrica es la medida de la capacidad de un material, o sustancia para dejar pasar la corriente eléctrica a través de él.

La conductividad depende de la estructura atómica y molecular del material.

Los metales son buenos conductores porque tienen una estructura con muchos electrones.

Diversas tendencias de la electricidad

Tendencia positiva de la electricidad, es aquella que tiene más cargas positivas que negativas, y reacciona única y exclusivamente con el agua, piel humana, lana, cuero, etc.

Tendencia negativa de la electricidad, es aquella que tiene más cargas negativas que positivas, y reacciona única y exclusivamente con la goma, poliester, teflón, etc.

Tendencia neutra de la electricidad es aquella que reacciona con el papel, madera, algodón, etc. y es la que tiene más números de electrones que de protones.

¿Cómo funciona una Resistencia eléctrica?

$R = P \dfrac{L}{S}$ a + longitud + Resistencia
           a + grosor + resistencia

R = resistencia
P = resistividad del material con que está hecho
L = longitud del material
S = grosor del material

Diferentes tipos de resistencias

Los resistores son los que limitan la intensidad para fijar el valor del voltaje según la ley de Ohm. A distinción de algunos componentes, y no tienen polaridad en cuanto a su definición.

Serie:
En las *resistencias* *en* *serie*, se suman sus valores.

$$Rt = R1 + R2 + R3$$

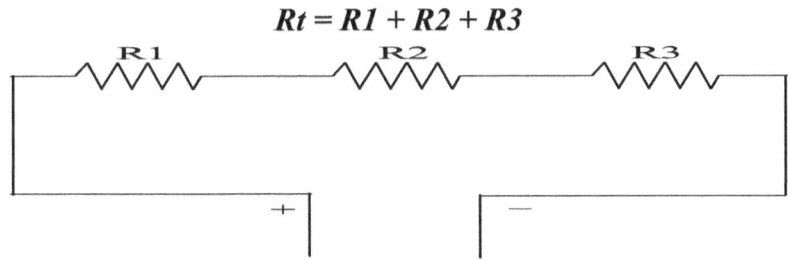

Paralelo:
En las *resistencias* *en* *paralelo*, se multiplican los dividendos, y se suman los divisores; ambos resultados se dividen, trayendo por consecuencia un resultado total.

$$Rt = \frac{R1 \times R2 \times R3}{R1 + R2 + R3} \qquad Rt = \frac{1}{\frac{1}{R1} + \frac{2}{R2} + \frac{3}{R3}}$$

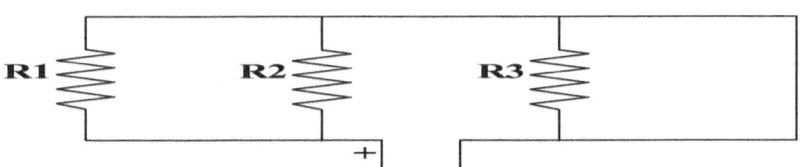

Serie-paralelo:
En las *resistencias* *serie-paralelo*, se dividen sus valores y después se suman.

$$Rt = \frac{R1 \times R2 \times R3}{R1 + R2 + R3} + R4 + R5 + R6$$

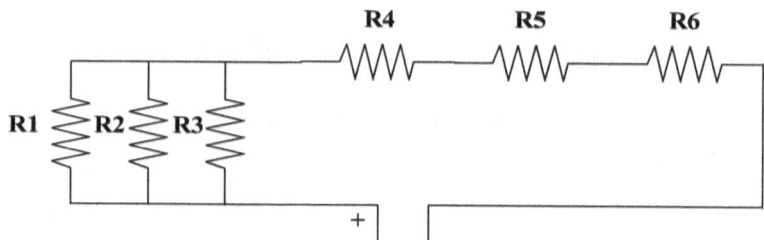

Voltaje de batería

R₁ y R₂, pueden ser un potenciómetro.

Conexión paralelo

Se multiplican los dividendos, y se dividen entre la suma de los divisores x el voltaje inicial.

$$Rt = \frac{R1 \times R2}{R1 + R2} \times voltaje\ inicial = V_{inicial}$$

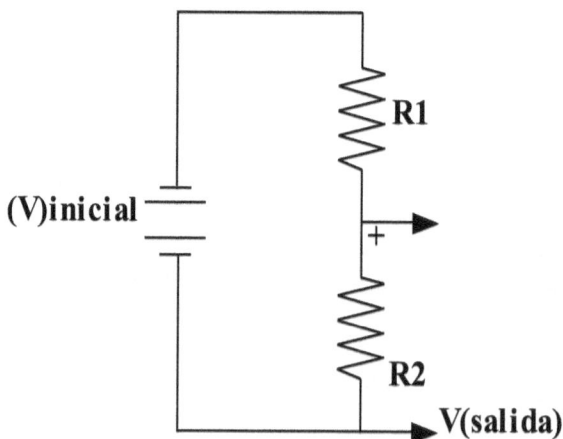

Código de resistencias

Color de la banda	Valor de la 1°cifra significativa	Valor de la 2°cifra significativa	Multiplicador	Tolerancia	Coeficiente de temperatura
Negro	0	0	1	-	-
Café	1	1	10	±1%	100ppm/°C
Rojo	2	2	100	±2%	50ppm/°C
Naranja	3	3	1 000	-	15ppm/°C
Amarillo	4	4	10 000	±4%	25ppm/°C
Verde	5	5	100 000	±0,5%	20ppm/°C
Azul	6	6	1 000 000	±0,25%	10ppm/°C
Morado	7	7	10 000 000	±0,1%	5ppm/°C
Gris	8	8	100 000 000	±0.05%	1ppm/°C
Blanco	9	9	1 000 000 000	-	-
Dorado	-	-	0,1	±5%	-
Plateado	-	-	0,01	±10%	-
Ninguno	-	-	-	±20%	-

Diferentes tipos de capacitores

Capacitores en serie

Los capacitores en serie, se multiplican los dividendos, y se suman los divisores, y después se dividen sus valores o resultados.

$$Ct = \frac{C_1 \times C_2 \times C_3}{C_1 + C_2 + C_3} \qquad \frac{1}{\frac{1}{C_1} + \frac{1}{C_2} + \frac{1}{C_3}}$$

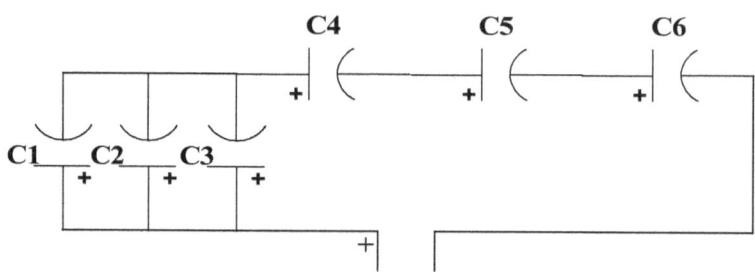

Serie-palalelo

Los capacitores <u>serie-paralelo</u>, se dividen sus valores, y después se suman.

$$Ct = \frac{1}{\frac{1}{} \ \frac{1}{} \ \frac{1}{}} \qquad Ct = \frac{C_1 \cdot C_2 \cdot C_3}{C_1 + C_2 + C_3} + C_4 + C_5 + C_6$$

Paralelo
En los capacitores en paralelo se suman sus valores.

$$Ct = C_1 + C_2 + C_3$$

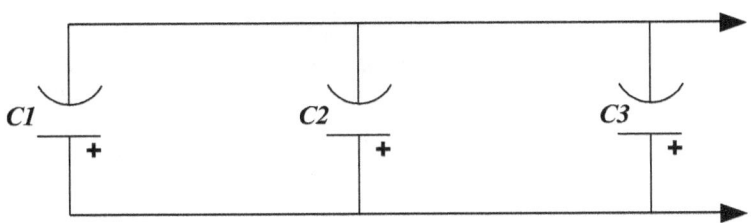

Código de capacitores

6-Dot Standard Capacitor Color Code (for RMA, JAN, AWS)

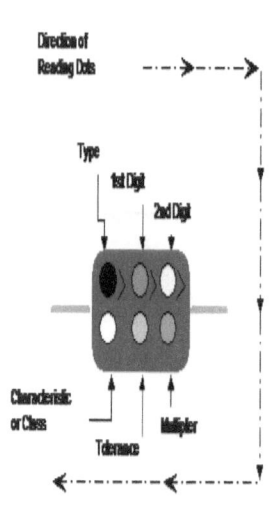

Title	Color	1st Digit	2nd Digit	Multiplier	Tolerance (+/-) Percent
JAN, MICA	Black	0	0	1	20%
	Brown	1	1	10	1%
	Red	2	2	100	2%
	Orange	3	3	1,000	3%
	Yellow	4	4	10,000	4%
	Green	5	5	100,000	5%
	Blue	6	6	1,000,000	6%
	Violet	7	7	10,000,000	7%
	Grey	8	8	100,000,000	8%
EIA, MICA	White	9	9	1,000,000,000	9%
	Gold			.1	
Molded Paper	Silver			.01	10%
	No Color			.01	20%

MICA Capacitor Color Code

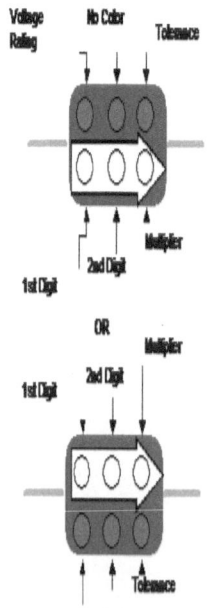

Color	1st Digit	2nd Digit	Multiplier	Tolerance (+/-) Percent	Voltage Rating
Black	0	0	1	1%	100
Brown	1	1	10	2%	200
Red	2	2	100	3%	300
Orange	3	3	1,000	4%	400
Yellow	4	4	10,000	5%	500
Green	5	5	100,000	6%	600
Blue	6	6	1,000,000	7%	700
Violet	7	7	10,000,000	8%	800
Grey	8	8	100,000,000	9%	900
White	9	9	1,000,000,000		1000
Gold			.1	10%	2000
Silver			.01	20%	

Capitulo V

Corriente alterna 1Ø, 2Ø, y 3Ø

Instalaciones residenciales, comerciales, e industriales.

Residencial: es la tensión eléctrica alterna que se le proporciona a los suministradores domiciliarios.

Comercial: es el proceso final de la entrega de electricidad desde el punto donde se genera hasta el consumidor.

Industrial: es la que mediante algunos procesos tecnológicos se emplea principalmente en la industria, y se puede producir la electricidad industrial. Este tipo de electricidad se produce para el funcionamiento de plan tas de producción, o lo que es lo mismo, el funcionamiento de fábricas, maquinarias, aparatos eléctricos, iluminación, alumbrado, etc.
Dentro de estas tres grandes ramas de la electricidad, existen otras que también son tan amplias como las anteriores. Ejemplos: soterrada, vial, comunicaciones, mecanización de puertos, controles automáticos, instalación de pizarras, subestaciones, despachos, etc.
La arquitectura, y la ingeniería civil, también son grandes aportes.
Las instalaciones residenciales, comerciales, e industriales, etc, juegan un rol importante en el ámbito universal.
Se ha comprobado que la electricidad, es fundamental en el campo del desarrollo científico-técnico.
Analizando el mundo de las instalaciones de todo tipo, se ha llegado a la conclusión de que estos son factores vitales para cualquier tipo de desarrollo.
  La electricidad, es una necesidad en la vida hogareña, comercial e industrial. Nuestro rol social es desarrollar cada vez más estas instala ciones. Es entrar a comprender que nuestro deber es desarrollar nues tro planeta en cualquier ámbito, siempre que estas instalaciones se ha gan para contribuir al desarrollo de cualquier pueblo del mundo.
  Cuando llegamos a analizar estas ingenierías, vemos que la electrificación, es uno de los bastiones principales del desarrollo de la humanidad, y no cabe la menor duda que sin la electricidad el planeta se mantendría con un alto índice de atraso; ¡a oscura! Funcionarían única y exclusiva- mente las instalaciones rurales o campestres. (faro les, bujías, velas etc.
  La electrificación, se va desarrollando cada vez más, sea en el campo energético, termo energético, o en el campo átomo nuclear. Todo esto juega un rol sin precedentes ante los diversos fenómenos eléctri--

cos que se están desarrollando sin cesar en la mayoría de los pueblos del mundo.

El desarrollo de la ingeniería hidráulica, o ingeniería en hidrotecnia también es otro bastión increíble, si consideramos los diversos adelantos que se están logrando para desarrollar los pueblos.

La electricidad naval, y la arquitectura naval, también son factores muy importantes. En síntesis, tanto la electrónica, como el desarrollo tecnológico en general, caracterizan la nueva era actual, de la <u>Tercera Revolución Tecnológica</u>.

John Hopkinson

El ingeniero y físico inglés, <u>John Hopkinson</u>, contribuyó al desarrollo de la electricidad con el descubrimiento del <u>sistema trifásico</u>, para la generación, y distribución de la corriente eléctrica, sistema que patentó en 1882.

<u>El sistema trifásico</u>, es un sistema de producción, distribución, y consumo de energía eléctrica. Está formado por tres corrientes alternas monofásicas de igual frecuencia y amplitud (y por consiguiente, valor eficaz) que presentan una cierta diferencia de fase entre ellas, entorno a 120°, y están dadas en un orden determinado. Cada una de las corrientes monofásicas que forman el sistema, se designa con el nombre de <u>fase</u>. Está comprobado en forma técnica, científica, y práctica, que la mejor forma de transmitir y consumir energía eléctrica es utilizando circuitos eléctricos trifásicos.

<u>Circuito Eléctrico. Circuito Magnético. Ley de Ohm.</u>

En la <u>Ley de Hopkinson</u>, la única diferencia en la aplicación de la anterior analogía está en el hecho de que en el circuito eléctrico, para un receptor determinado, consideramos r constante, pero para el circuito magnético el valor de u de cualquier material depende de β fe nómeno de saturación magnética) por lo que no se conoce a <u>priori</u>, siendo lo habitual es que el fabricante nos dé un dato del ciclo de histéresis, o una fórmula obtenida en laboratorio para que partiendo *de β calculemos el valor de H, en nuestro caso en concreto. En ocasio nes el problema se puede simplificar si se nos dice que estamos trabajando en la zona de proporcionalidad, que es aquella donde consideramos que µ es constante; entonces podemos prescindir de estas tablas y operar directamente con las fórmulas. En estos casos se nos da como dato la permeabilidad relativa (μ_r) y tendremos que calcular la permeabilidad del material mediante $\mu = \mu_r \cdot \mu_o$.*

Ley de Hopkinson

La Ley de Hopkinson nos sirve para poder calcular circuitos magné ticos. Si en un circuito eléctrico aplicamos una f.e.m. circulará una in tensidad proporcional; esta f.e.m. es inversamente proporcional a la resistencia del circuito, en un circuito magnético aplicamos una fuerza magneto motriz, que ocasionará un flujo magnético proporcional a la f.m.m e inversamente proporcional a la "resistencia magnética" o reductancia"

Según lo anterior, para resolver un circuito magnético procederémos de una forma similar a cuando resolvemos un circuito eléctrico mediante la ley de Ohm, en este caso aplicamos la ley de Hopkinson. El proceso a seguir será:

1.-Se sustituye el grupo de espiras de F.m.m. NI por una pila de f.e.m. NI

2.-La reductancia por una resistencia del mismo valor

3.-El flujo por una corriente eléctrica.

Ley de Ohm $V = R \cdot I, \quad R = \dfrac{V}{I}, \quad I = \dfrac{V}{R}$

Ley de Ohm. Circuito eléctrico
dónde:

$$I = \frac{V}{R} \qquad R = \frac{L}{S}$$

Ley de Hopkinson. Circuito magnético
donde:

$$\emptyset = \frac{E}{R} \qquad R = \frac{L}{\mu.S}$$

<u>Esta ley se aplica a todos los circuitos magnéticos</u>

β = inductancia magnética medida por la cantidad de área x cm² (área / cm²), en el núcleo(Gauss)

H = intensidad del campo magnético producido por la corriente eléctrica al circular por la bobina. Medida también por la cantidad de líneas magnéticas/cm² (línea mag./cm²), en el núcleo (Gauss).

μ = (omega), es la permeabilidad magnética del núcleo de donde su fórmula es:

$$\beta = H . \mu \qquad H = \frac{\beta}{\mu} \qquad \mu = \frac{H}{\beta}$$

$$\phi = \frac{K . \pi . N . I}{Rm}$$

ϕ = fuerza magnética
K = constante = 0.4
π = 3.1416
N = # de vueltas
I = intensidad, o corriente
Rm = reductancia magnética

Es decir: Que el flujo magnético en el interior de un solenoide es igual a la fuerza magneto motriz (f.m.m.) entre la permeabilidad magnética x la reductancia magnética del mismo.

$$Rm = \frac{L}{\mu S}$$

Rm = *reductancia magnética*
L = *longitud del núcleo en cm²*
S = *seción transversal del material en cm²*

μ = *(omega), permeabilidad máxima del material del que está hecho. Debe interpretarse como que el valor que adquiere la fuerza electromotriz(f.e.m.) en cada instante es igual al cociente entre la variación del flujo magnético y la variación del tiempo o intervalo en que se pro duce.*

(f.e.m.)

$$f.e.m. = \frac{\Delta\phi(10^{-8})}{\Delta T}$$

La historia del electromagnetismo data de aproximadamente más de 2,000 años de antigüedad. Es el conocimiento registrado de las fuerzas electromagnéticas.

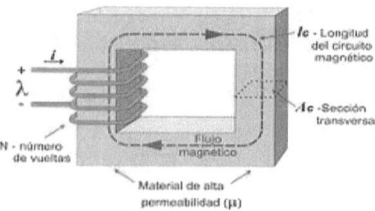

Radiación electromagnética Maxwell (James Clerk, 1831-1879)

Maxwell (James Clerk)

...Fue el físico británico que unificó las teorías de la electricidad y el magnetismo, al establecer las leyes generales del campo electromagnético. Además, contribuyó a la elaboración de la termodinámica, con sus trabajos sobre la repartición de las velocidades de las moléculas ga seosas. Esta solución teórica fue la que llevó a postular que la propia luz era una onda electromagnética.

Descubrió la magnetostricción, que se refiere a la deformación de un cuerpo ferromagnético bajo la influencia de su imantación.

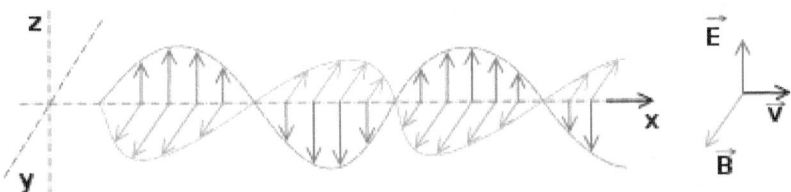

El diagrama muestra una onda plana que se propaga de izquierda a derecha. El campo eléctrico está so bre el plano vertical, y el campo magnético sobre el plano horizontal. Los campos eléctricos y magnéticos en este tipo de ondas, siempre están en fase a 90° una respecto a la otra.

La radiación electromagnética se refiere a un tipo de campo electromagnético variable, es decir, una combinación de campos eléctricos y magnéticos oscilantes que se propagan a través del espacio, transportando energías de un lugar a otro.

Desde el punto de vista clásico también se acepta que la radiación electromagnética, son las ondas generadas por la fuente del campo electromagnético, que se propagan a la velocidad de la luz, compatibles con el modelo de ecuaciones matemáticas, definido en las ecuaciones de Maxwell.

La radiación electromagnética puede manifestarse de diferentes maneras: 1- Radiación infrarroja
3- Rayos X, o rayos gamma
2- Luz visible

A diferencia de otros tipos de <u>ondas</u>, como el <u>sonido</u>, que necesitan un medio material para propagarse, la radiación electromagnética se puede propagar en el vacío. En el siglo XIX se pensaba que existía el éter, una sustancia indetectable, que servía de propagación de las ondas electromagnéticas.

De acuerdo con la teoría de Maxwell, en un conductor de un circuito cerrado la corriente eléctrica es también un desplazamiento de la electricidad.

Lámpara fluorescente conectada a un sistema three-way

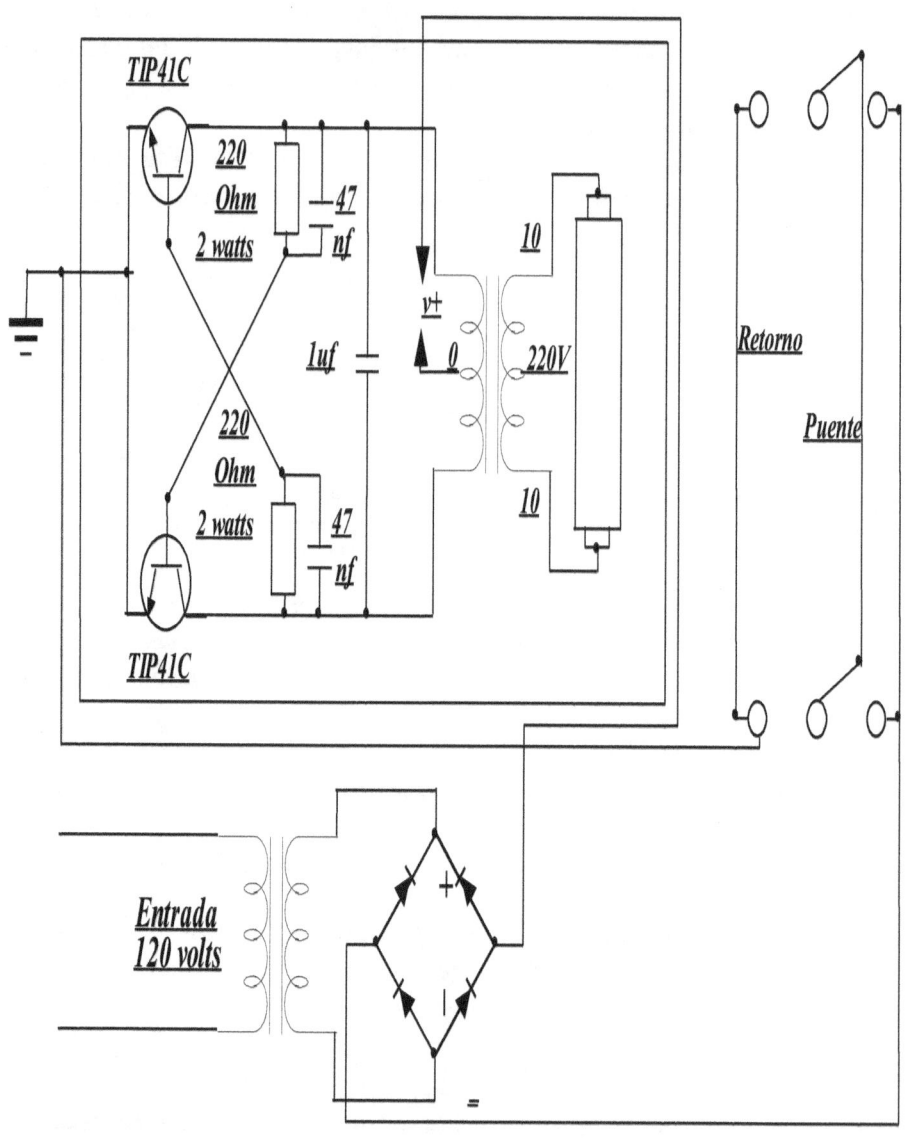

Diagrama de un three-way simple

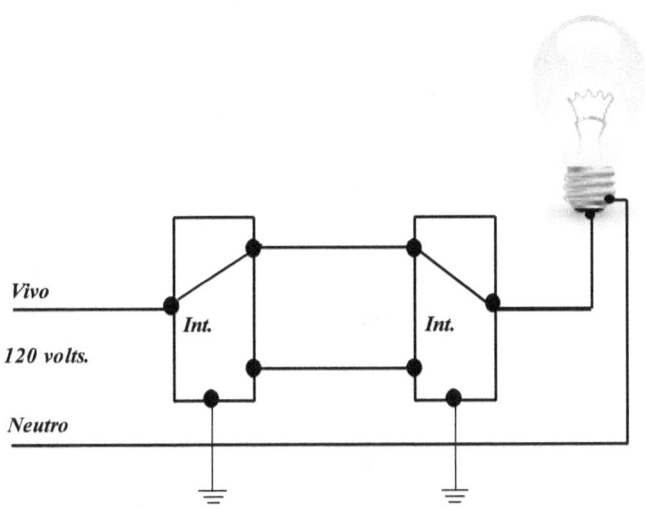

Algunos elementos de la electricidad
Simbología de circuitos eléctricos y electrónicos

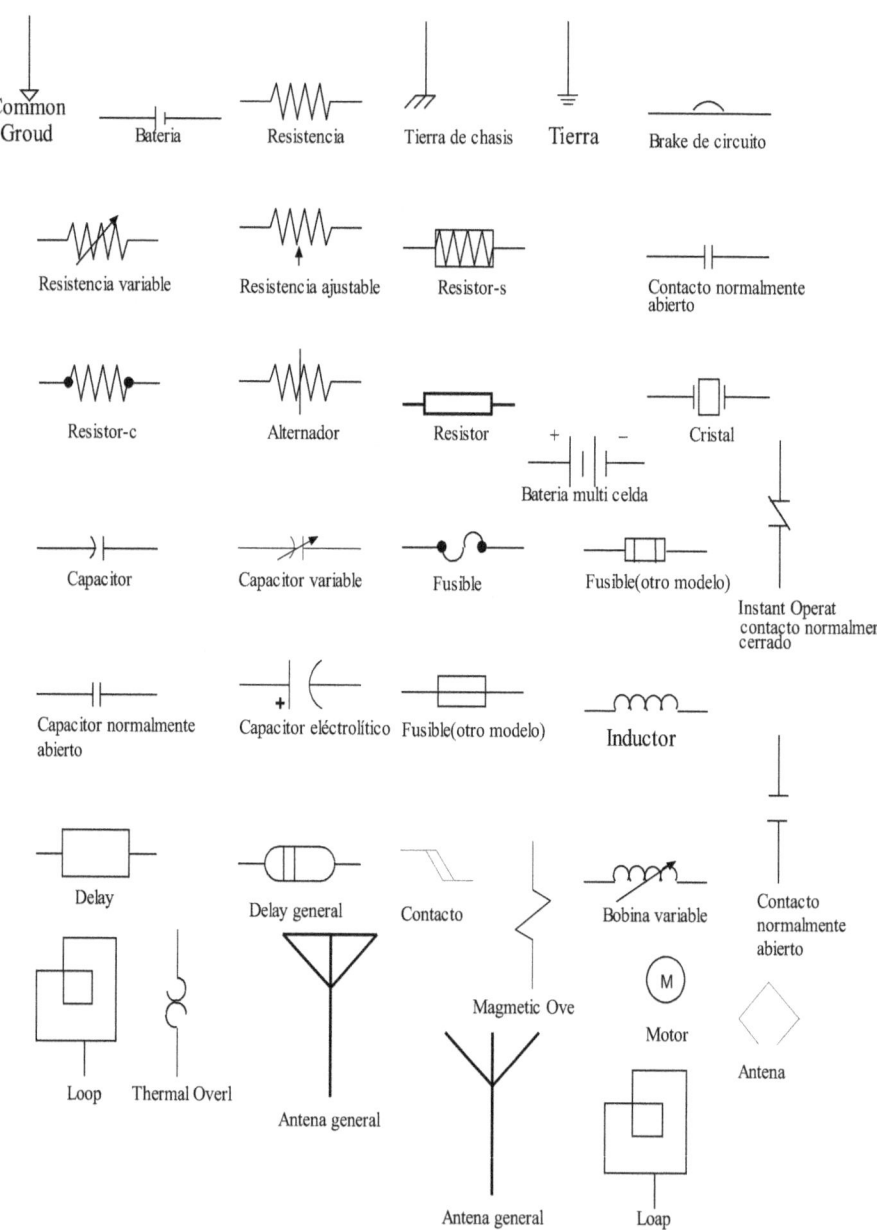

Diferentes modelos de interruptores eléctricos y electrónicos.

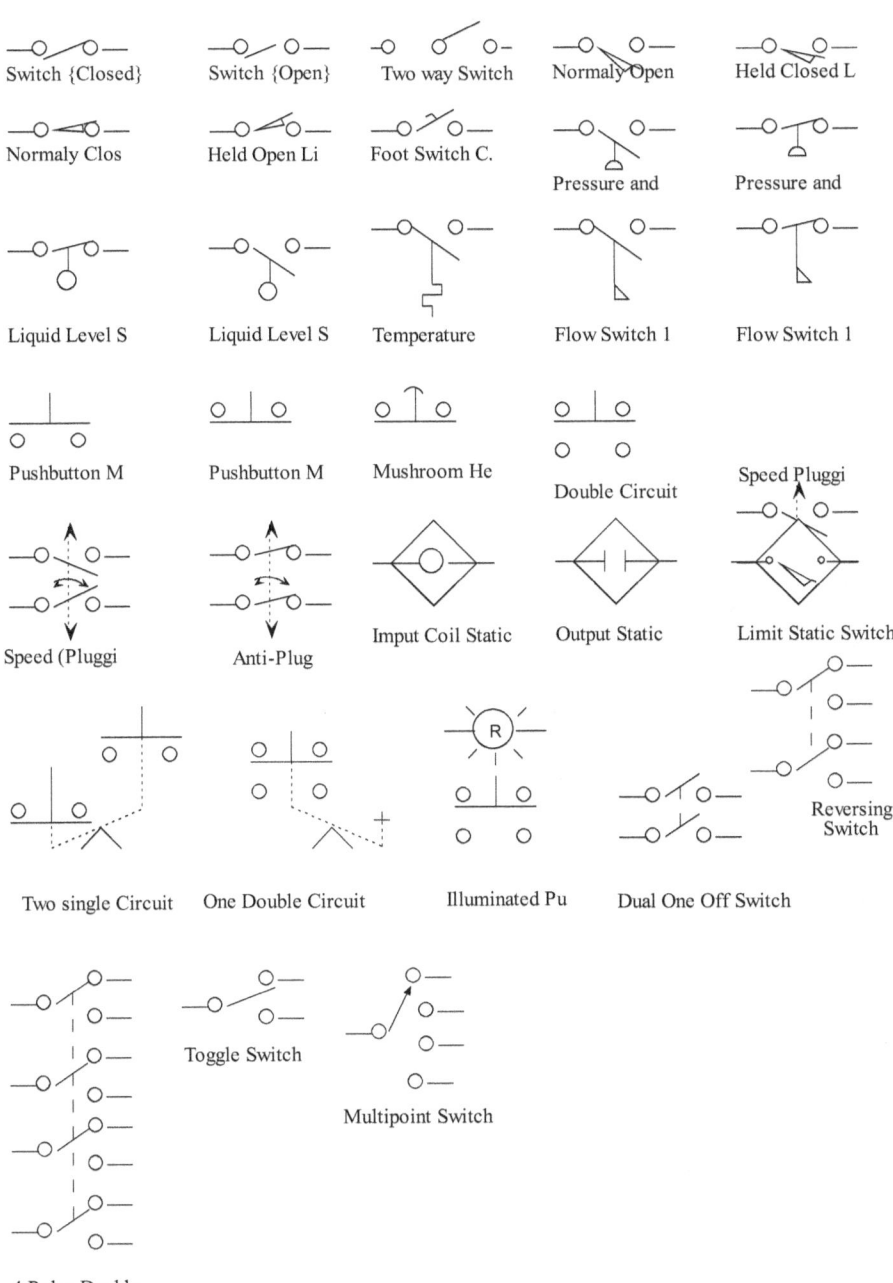

Semiconductores

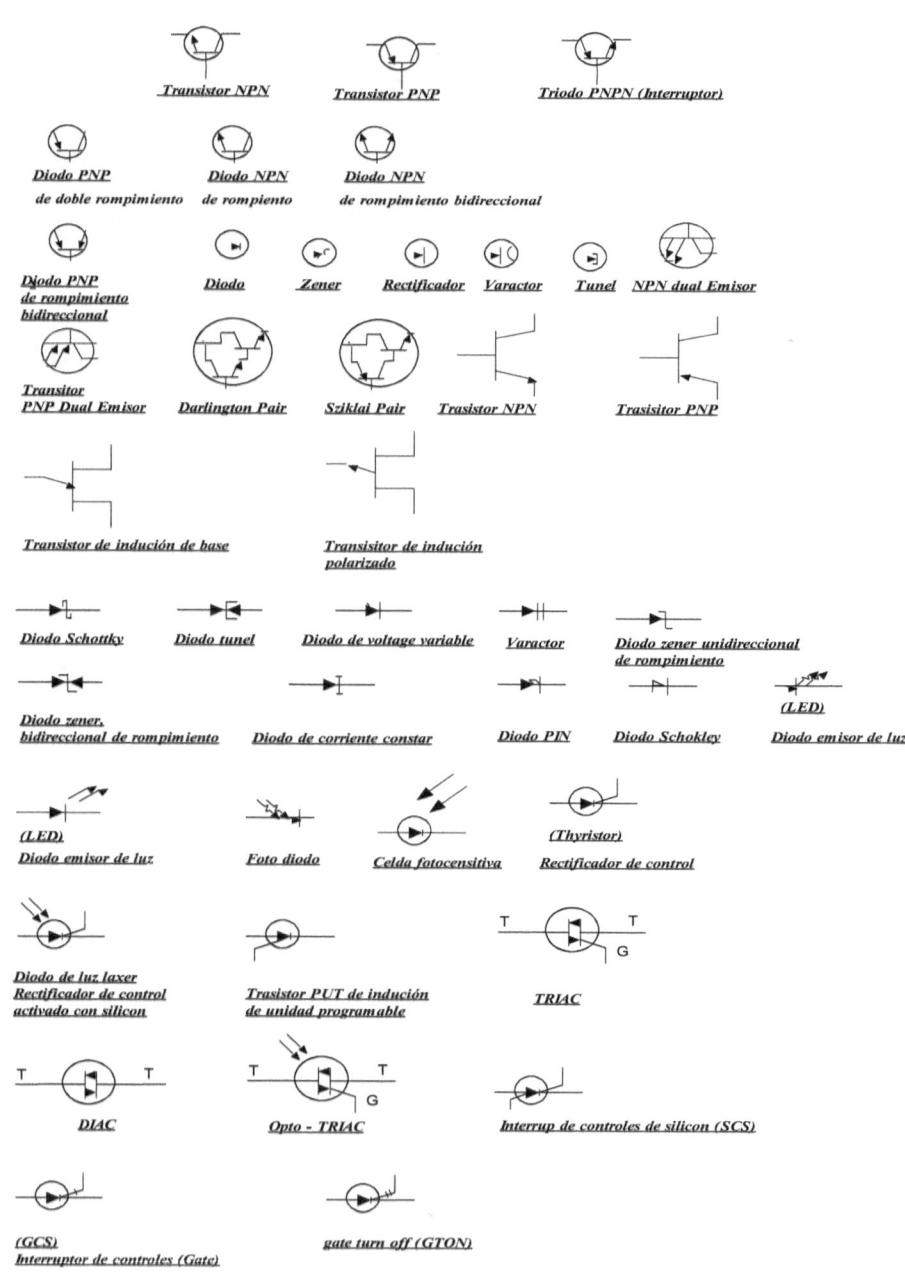

Espirales (Enrollados)

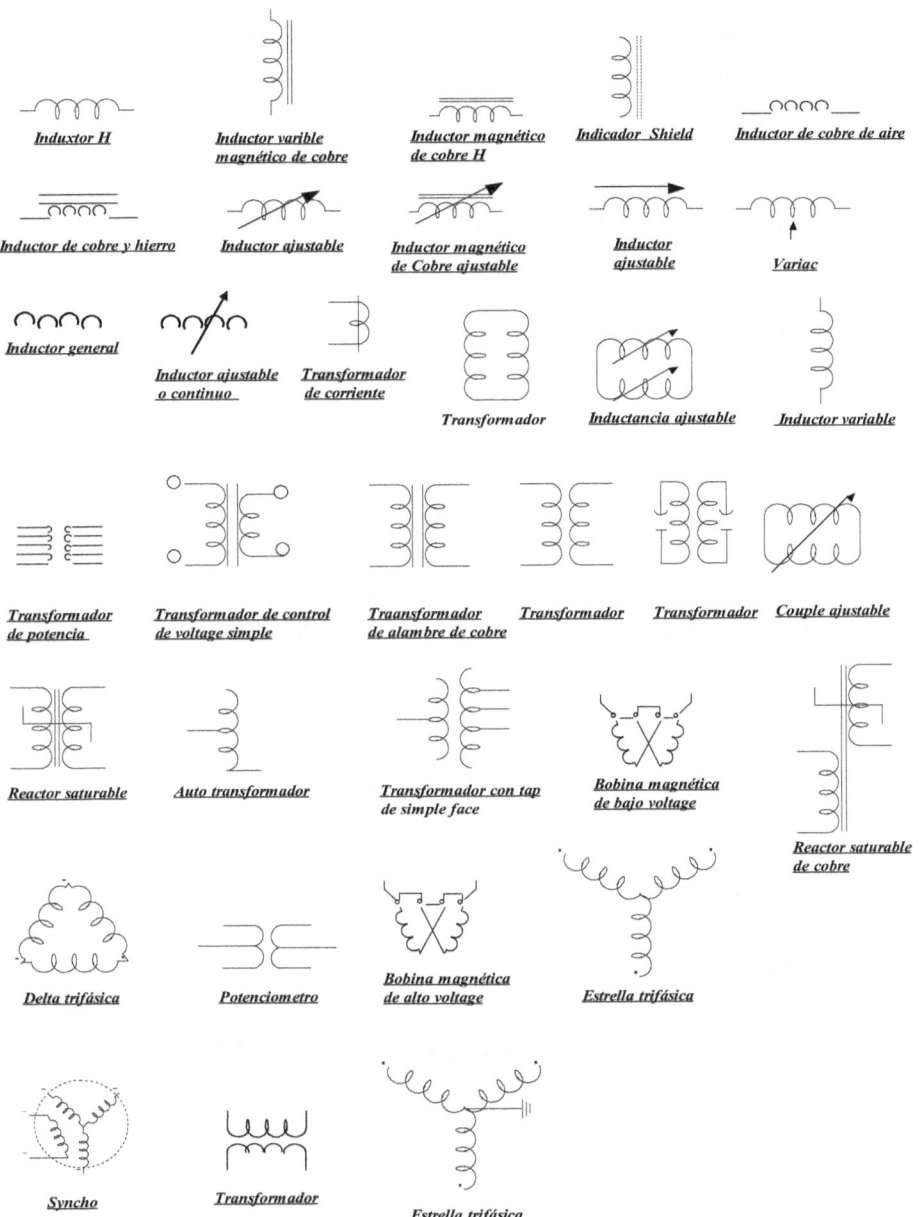

Modo de hallar la capacitancia en una lámpara fluorescente.

Ejemplo:
Si un tubo es de 22 W, con f = 50 Hz, V = 230V (CA) y con factores de potencia final de 0,85 e inicial de 0,226, el condensador a usar debe ser de 4 (microfaradios).

El siguiente cálculo permite saber el valor (en pico o nano faradios) del condensador que hay que intercalar, ya que si es colocado uno de valor mayor al necesario, aumentará la corriente y su consumo, por lo que es importante encontrar el idóneo.

Las lámparas fluorescentes tienen un rendimiento luminoso, que puede estimarse entre 50 y 90 lumen por vatio. (lm/W).

Una cuestión curiosa es que la luminosidad de la lámpara depende no solamente del revestimiento luminiscente, sino de la superficie emisora, de modo que al variar la potencia varía el tamaño, por ejemplo, la de 20W mide unos 60 cm, la de 40W, 1,20 m y la de 60W 1,50 m. (actualmente serían de 18, 36, y 58 W respectivamente). Al igual sucede con los µf, que al variar la potencia de la lámpara también varía la reactancia capacitiva.

Datos:
W = 22
Hz = 50
V = 230(C.A.)
tangφf = 0,85
tangφi = 0,226
2π = 2. 3,1416
µ = x

$$\mu f = \frac{P(\tan\varphi i - \tan\varphi f)}{2\pi f V^2}$$

Las dos fases tienen 230V al vacío, a plena carga tendrá 215V(bifásica)

Colocación de tomacorrientes e interruptores según la Norma Internacional de Medidas.

Los tomacorrientes se deben ubicar a 40 centímetros de la superficie del piso, y 40 centímetros a la esquina izquierda, o derecha de la pared.

Los tomacorrientes, en las cocinas y baños su ubicación, van en dependencia de la situación del área.

Los interruptores, se deben ubicar a 120 centímetros a partir del piso. (Sala, comedor, pasillo, cuartos, etc.

Las luces siempre se deben ubicar en el centro del techo, excepto en casos especiales.

Si trazamos dos paralelas en el centro de una pared o techo, obténdríamos el punto central, para ubicar cualquier objeto.

Tabla I

Calibre de conductores residenciales, comerciales e industriales, de acuerdo a su capacidad de insulado.

Capacidad de conductores de cobre aislado. Variedades de insulación

Diametro	Tipo de insulación	Amperes
14	TW, THW, THWN	15
12	TW, THW, THWN	20
10	TW, THW, THWN	30
8	TW,	40
8	THW, THWN	45
6	TW	55
6	THW, THWN	65
4	TW	70
4	THW, THWN	85
2	TW	95
2	THW, THWN	115
1	THW, THWN	130
2/0	TW, THWN	175

Excepción-cuando se utiliza como conductor de entrada de servicio.

4	THW, THWN	100
2	THW, THWN	125
1	THW, THWN	150
2/0	THW, THWN	200

*Tomado de: Sunset Books
English printing. October 1983
Basic Home Wiring Illustrated
Lane Publishing Co. Menlo Park, California

Tabla II

Capacidad de conductores de aluminio revestidos de cobre.

Diámetro	*Tipo de insulado*	*Amperes*
12	*TW, THW, THWN*	*15*
10	*TW, THW, THWN*	*25*
8	*TW*	*30*
8	*THW, THWN*	*40*
6	*TW*	*40*
6	*THW, THWN*	*50*
4	*THW*	*55*
4	*THW, THWN*	*65*
2	*TH*	*75*
2	*THW, THWN*	*90*
1/0	*TH*	*100*
1/0	*THW, THWN*	*120*
2/0	*THW, THWN*	*135*
4/0	*THW, THWN*	*180*

Excepción cuando se utiliza como conductor de entrada de servicio.

2	*THW, THWN*	*100*
1/0	*THW, THWN*	*125*
4/0	*THW, THWN*	*200*

*Tomado de: Sunset Books
English printing. October 1983
Basic Home Wiring Illustrated
Lane Publishing Co. Menlo Park, California.

Tabla III

Tamaño de las tuberías

Diámetro

TW

Diámetro	2	3	4	5	6
14	½"	½"	½"	½"	½"
12	½"	½"	½"	½"	½"
10	½"	½"	½"	½"	½"
8	½"	¾"	¾"	1"	1"

THW

	2	3	4	5	6
14	½"	½"	½"	½"	½"
12	½"	½"	½"	½"	½"
10	½"	½"	½"	¾"	¾"
8	¾"	¾"	1"	1"	1¼"

TH, THWN

	2	3	4	5	6
6	¾"	1"	1"	1¼"	1¼"
4	1"	1"	1¼"	1¼"	1½"
2	1"	1¼"	1¼"	1½"	2"
1/0	1"	1½"	2"	2"	2½"
2/0	1½"	1½"	2"	2"	2½"
4/0	2"	2"	2½"	2½"	3"

Conductores con forros termo-plásticos

Tipo o clase de insulación Máxima operación de temperatura

TW	60°C, 140°F
THW	75°C, 167°F
THWN	75°C, 167°F

*Tomado de: Sunset Books
English printing. October 1983
Basic Home Wiring Illustrated
Lane Publishing Co. Menlo Park, California

Tabla IV

Número de conductores por caja

Tipo de caja	Tamaño	#14	#12	#10	#8
Octagonal					
	4" x 1¼"	6	5	5	4
	4" x 1½"	7	6	6	5
	4" x 2⅛"	10	9	8	7
Cuadrada					
	4 x 1¼"	9	8	7	6
	4" x 1½"	10	9	8	7
	4" x 2⅛"	15	13	12	10
	04-11/16x1¼"	12	11	10	8
	4-11/16x1½"	14	13	11	9
Interruptor					
	3"x2"x2¼"	5	4	4	3
	3"x2"x2½"	6	5	5	4
	3"x2"x2¾"	7	6	5	4
	3"x2"x3½"	9	8	7	6

*Tomado de: Sunset Books
English printing. October 1983
Basic Home Wiring Illustrated
Lane Publishing Co. Menlo Park, California

Tipos de empalmes eléctricos

Los empalmes eléctricos influyen en las conexiones eléctricas para el funcionamiento adecuado de todo el sistema. Cuando no se realiza un buen empalme eléctrico se puede originar un contacto incorrecto, que puede hacer fallar la instalación. Dicha falla puede dar lugar a un ca lentamiento, y ocasionar un accidente.

¿Qué es un empalme eléctrico?
Un empalme enlace, o unión del cableado eléctrico es la unión de dos o más cables en una instalación eléctrica. En la actualidad se recomienda utilizar derivaciones a través de conectores, o terminales eléctricos, por razones de seguridad.
En muchos países, existen normas que prohíben el uso de empalmes en algunos casos, para evitar la acumulación de gases inflamables. Las conexiones, o uniones de cables hechas solamente con cinta aislante, se prohíben en cualquier instalación. Estas instalaciones siempre se deben hacer dentro de las cajas de empalme, y/o de derivación, excepto en los casos en que la instalación sea provisional, o de emergencia.

Empalme cola de rata
Este tipo de empalme se emplea cuando los cables no van a estar en di ferentes tipos de empalmes de derivación, o de prolongación.Sujetos a esfuerzos de tensión elevados. En este tipo de uniones, el encintado se puede sustituir por un conector.

Se debe tener en cuenta lo siguiente:
Retirar aproximadamente 3 cm de aislamiento de cada una de las pun tas de los conductores a unir.
Colocar las puntas formando una X un poco antes de donde está el aislante, y con la ayuda de un alicate comienza a torcer las puntas des nudas, como si fuera una cuerda.
Apretar correctamente la unión, sin estropear los cables. También existen los empalmes cola de rata triple, cuádruple, etc.
(ver diagramas en páginas posteriores)

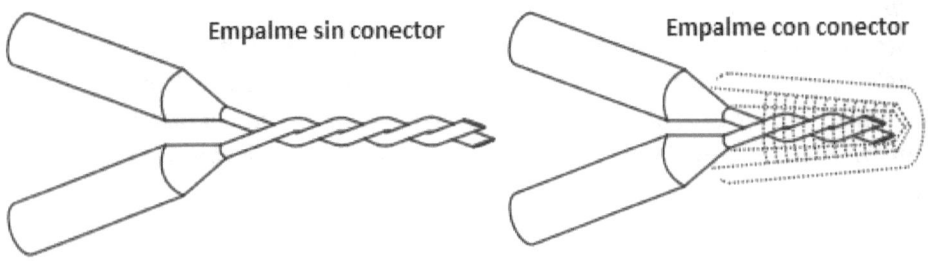

Empalme Western Union, o de prolongación. Este empalme soporta mayores esfuerzos de tensión, y principalmente se utiliza para tendidos eléctricos.
Se deberá tener en cuenta lo siguiente:
Retirar el aislamiento aprox. a 8 centímetros de las puntas de los conductores a unir. Cruzar los cables, y con la ayuda de las pinzas comenzar a doblar una de las puntas enrolladas alrededor del otro conductor, apretando las vueltas con alicates, o pinzas. Una vez que se termine de enrollar una de las puntas, repetir el mismo proceso con la otra punta, trabajando en dirección contraria.

Corta los sobrantes de cables

Paso 4

Empalme Dúplex
Este empalme está compuesto por dos uniones Western Union, realizadas escalonadamente, con el objetivo de evitar diámetros excesivos cuando se coloque la cinta aislante y de esta forma evitar un posible cortocircuito. También puede estar compuesto por dos uniones cola de rata, realizadas escalonadamente.

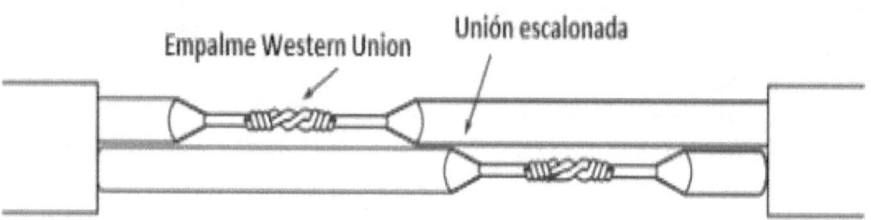

Empalme de derivación simple, o tipo T
Si queremos derivar una línea de otra principal, hacemos uso de este tipo de empalme, el cual se utiliza mayormente para hacer las derivaciones en las tomas de corriente.
Se tendrá en cuenta lo siguiente:
Retirar aprox. a 3 cm. el aislamiento del cable principal.
Retirar aprox. a 8 cm. el aislamiento de la punta del cable que vas a unir.
Colocar el cable a derivar, en forma perpendicular (en ángulo recto) al cable de corrido principal.
Comienza a enrollar con la mano, el cable derivado sobre el cable principal en forma de espiras, y con la ayuda de los alicates aprieta las espiras o vueltas.
Cortar el sobrante, y comprobar que las espiras no queden encimadas al aislamiento, o que queden puntas de los filamentos.

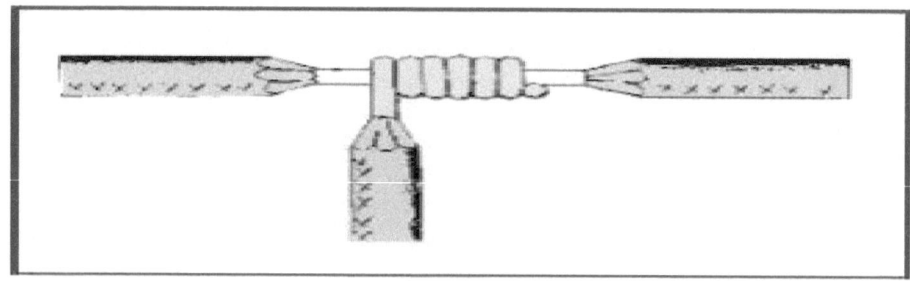

Empalme de derivación con nudo, o de seguridad.
Este empalme cumple el mismo trabajo que la unión de derivación simple, con la diferencia de que la derivación es más segura, debido al nudo que se le hace.
Es importante realizar las siguientes. acciones:
Retirar a 3cm. aprox., el aislamiento del cable principal.
Retirar a 8 cm. aprox., el aislamiento de la punta del cable que se va a unir.
Coloca el cable a derivar en forma perpendicular (en ángulo recto), al cable de corrido principal.
Utiliza la mano para comenzar a enrollar. Haz un nudo entre el cable principal, y el de derivación; de ahí, en forma de espiras, y con la ayuda de los alicates, o pinzas aprieta las espiras.
Corta el sobrante, y verifica que las espiras no queden encimadas al aislamiento, o que queden puntas de los filamentos.

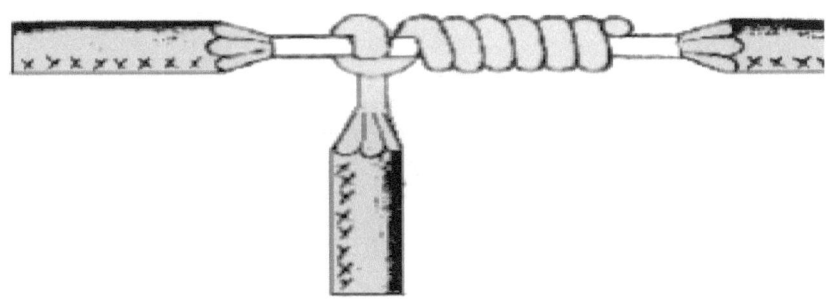

Unión de toma doblada

Este empalme se utiliza cuando al finalizar la línea, es necesario hacer una última derivación. Este tipo de empalme presenta bastante resistencia a la tensión mecánica; también es muy usado cuando el cable es más delgado que el principal.

Se tendrá en cuenta lo siguiente:

Retirar aprox. 5 cm. de aislamiento del cable principal.

Retirar aprox. 8 cm. de aislamiento de la punta del cable que vas a unir.

Colocar el cable a derivar, en forma perpendicular (en ángulo recto) al cable de corrido principal.

Con la mano comienza a enrollar, y al llegar a la mitad del cable principal, doblar este cable en forma de U, apretando firmemente con la ayuda del alicate, o pinza.

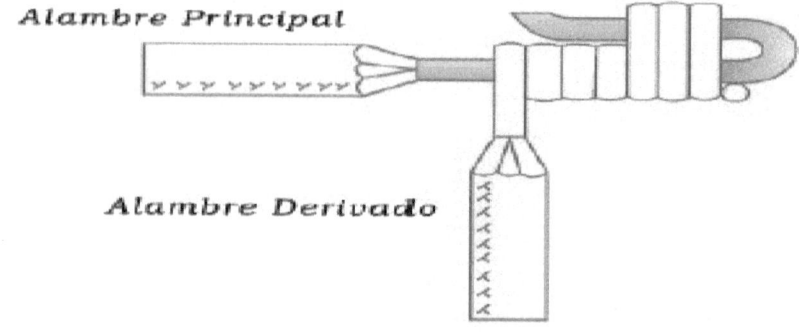

Tabla I de las medidas de los alambres de 115 volts

Amperes	Watts at 115 volts	No. 14	No 12	No 10	No 8	No 6	No 4	No 2	No 1/0	No 2/0	No 3/0
1	115	450	700	1,100	1,800	2,800	4,500	7,000			
2	230	225	350	550	900	1,400	2,200	3,500			
3	345	150	240	350	600	900	1,500	2,350	3,750		
4	460	110	175	275	450	700	1,100	11,750	2,750	3,500	
5	575	90	140	220	360	560	880	1,400	2,250	2,800	
10	1,150	45	70	110	180	280	450	700	1,100	1,400	1,800
15	1,725	30	45	70	120	180	300	475	750	950	1,200
20	2,300	22	35	55	90	140	225	350	550	700	900
25	2,875	18	28	45	70	110	180	280	450	560	720
30	3,450	15	25	35	60	90	150	235	340	470	600
35	4,025		20	30	50	80	125	200	320	400	500
40	4,600		17	27	45	70	110	175	280	350	440
45	5,175			25	40	60	100	155	250	310	400
50	5,750			22	35	55	90	140	225	280	360

*New Edition
Wiring Simplified
By H.P. Richter
28th edition.

Tabla II *de las medidas de los alambres de 230 volts*

Amp	Watts	No 14	No 12	No 10	No 8	No 6	No 4	No 2	No 1/0	No 2/0	No 3/0	Amp
1	230	900	1,400	2,200	3,600	5,600	9,000					1
2	460	450	700	1,100	1,800	2,800	4,500	7,000				2
3	690	300	480	700	1,200	1,800	3,000	4,600	7,500			3
4	920	220	350	650	900	1,400	2,200	3,500	5,500	7,000		4
5	1,150	180	280	440	720	1,020	1,750	2,800	4,500	5,600	7,000	5
10	2,300	90	140	220	360	560	900	1,400	2,200	2,800	3,600	10
15	3,450	60	90	140	240	360	600	950	1,500	1,900	2,400	15
20	4,600	45	70	110	180	280	450	700	1,100	1,400	1,800	20
25	5,750	35	55	90	140	220	360	560	900	1,100	1,440	25
30	6,900	30	50	70	120	180	300	470	680	940	1,200	30
35	8,050		40	60	110	160	250	400	640	800	1,000	36
40	9,200		35	55	90	140	220	350	560	700	880	40
45	10,350			50	80	120	200	310	500	620	800	45
50	11,500			45	70	110	180	260	450	560	720	50
60	13,800				60	90	150	240	370	480	600	60
70	16,100				50	80	130	200	320	400	520	70
80	18,400					70	110	170	280	360	440	80
90	20,700					60	100	150	250	320	400	90
100	23,000					55	90	140	230	280	360	100
125	28,750							110	185	225	290	125
150	34,500							90	170	190	240	150
200	46,000							70	115	140	180	200

*New Edition
Wiring Simplified
By H.P. Richter
28th edition.

Anexo #1

Tésis de grado

　La lectura y análisis de esta tesis facilita la comprensión de los elementos utilizados en la electrificación de las áreas industriales, comerciales, domésticas, etc.
　A pesar de que la hipótesis propuesta se experimentó durante las instalaciones hechas en una termoeléctrica, los cálculos de electrificación, son válidos para otras instalaciones sociales.

Técnico de Nivel Medio

Profesional y Superior

en Sistema Eléctrico Industrial

Centro Politécnico
Ciudad Libertad

Proyecto de curso

Título:
Cálculo de las pérdidas
y mejoramiento del factor de potencia

Especialidad:
Sistema Eléctrico Industrial

Integrantes:
Francisco Manuel Richard Quiñones
Victor Duarte
Enrique Rosell Kessel
Vladimir Canino Rivero
Ronald Espinosa La Rosa

Tutor:
Carlos M. Hernández Cabrera

Curso:

1985-1986

"Año del xx aniversario del desembarco del Granma"

(De acuerdo al Código Internacional: una tesis elaborada por varias personas, después de veinticinco años cada uno es dueño de dicha tesis)

Reconocimiento

Queremos expresar nuestro más profundo agradecimiento a todos los profesores de la cátedra de nuestra especialidad, y en especial a nuestro tutor. Lic.: Carlos M. Hernández Cabrera; que de una manera muy sencilla y natural nos brindó todo su apoyo en la realización de este proyecto. A la vez nos sentimos deudores y nos comprometemos a elevar cada día más nuestros conocimientos.

Muchas gracias

Declaramos:
Que somos los únicos autores de este proyecto de grado.
Autorizo al Centro Ciudad Libertad del vice ministerio de la enseñanza tecnológica, a que haga de este proyecto de grado el uso que estime pertinente.

Francisco Manuel Richard Quiñones

Ciudad de la Habana, Cuba. Junio de 1986
"Año del xx aniversario del desembarco del Granma"

__Autorización__
Este proyecto de grado ha sido revisado y aprobado por la sub-dirección del curso nocturno del Centro Politécnico Ciudad Libertad; y para que así conste se firma a los 23 días del mes de junio del año 1986.

Datos generales

Tema del proyecto:
Cálculo de las pérdidas y mejoramiento del factor de potencia.

Equipo:
Francisco Manuel Richard Quiñones

Especialidad
Sistema Eléctrico Industrial

Grupo
SE-22

Curso escolar:
1985-1986

Datos iniciales del proyecto:
Mono lineal con cargas, ramas, y alimentadores con sus longitudes, y cosenos para ser mejorados.

La bibliografía recomienda: Suministro Eléctrico de Empresas Industriales y notas de clase.

Profesor consultante:

Carlos M. Hernández Cabrera

Fecha de entrega del proyecto:
Mayo 02-86

Fecha de terminación:
Junio 18-86

Nomenclatura

a, b, c, d, e, f, g Conductores ramales
Ia, b, c, d, e, f, g Intensidad de la rama
Ia, b, c, d, e, f, g Intensidad del conductor x calentamiento
La, b, c, d, e, f, g Longitud en pie
T1, 2, 3 Transformadores
A1, 2   Alimentadores principales
Ia1, 2   Intensidad de alimentadores principales
Ic   Intensidad del consumidor
KVAr   Kilo volt-amperes-reactivos
KVAL   Kilo volts-amperes-liberados
KVAv   Kilo volts-amperes-viejo
KVAn   Kilo volts-amperes-nuevo
KVArf   Kilo volts-amperes-reactivo por fase
KVArc   Kilo volts-amperes-reactivos de un capacitor
R   Resistencia de carga
If   Intensidad de fusible
n   # de capacitores
VL   Voltaje de línea
Vf   Voltaje de fase
KVAb2   Kilo volts-amperes de nueva base
KVb   Kilo volts de nueva base
KVAb1   Kilo volts-amperes-datos de chapa
KVb1   Kilo volts datos de chapa
X(0/1)   Reactancia por unidad

Bibliografía

Suministro Eléctrico de Empresas Industriales de A. A. Feodorov, y Eduardo Rodríguez López.

Cálculo de cortocircuito de Rafael Barreto García.

Manual del montador electricista de Torrell Croft.

Electrónica general de Alberto Alfonso Lastra.

Equipos eléctricos del buque de Olga Rosabal Benítez, Walfrido Chaviano Chaviano y Rafael Aranzola Fajardo.

Electrotecnia Básica de Esteban Amador Martínez.

Conclusiones:

Con este proyecto se demuestra la importancia del cálculo adecuado de los conductores de las instalaciones industriales; ya que un gran números de los incendios que se producen, es producto de conductores que alimentan cargas excesivas para su calibre. También este proyecto nos ayuda a ver la importancia que tiene controlar la potencia reactiva = Q; mediante medios compensadores o no, para lograr un óptimo aprovechamiento de la energía eléctrica generada y de los medios en general de las instalaciones eléctricas industriales.

Tabla de contenido

Copia de caratula
Declaración
Autorización
Datos generales
Reconocimiento
Nomenclatura
Bibliografía
Conclusiones
Introducción

Capitulo *I*

1. *Cálculo de las pérdidas en una instalación industrial*

1.1 Generalidades. 1

1.2 Conductor ramal a. 2

1.3 Conductor ramal b. 3

1.4 Conductor ramal c. 4

1.5 Conductor ramal d. 5

1.6 Cálculo del transformador T2. 6

1.7 Cálculo del alimentador A1. 7

1.8 Conductor ramal e. 8

1.9 Conductor ramal f. 9

1.10 Conductor ramal g. 10

1.11 Cálculo del transformador T3. 11

1.12 Cálculo del alimentador principal A2. 12

1.13 Cálculo del consumidor 13

1.14 Cálculo del transformador T1. 14

Capitulo II

2. Mejoramiento del factor de potencia

2.1 Generalidades 15

2.2 Cálculo del banco de capacitores de PF- 1. 17

2.3 Cálculo de KVA liberados 17

2.4 Cálculo de los KVAR por fase 17

2.5 Cálculo de capacitores por fase 17

2.6 Cálculo de las protecciones del banco de capacitores 17

2.7 Cálculo del banco de capacitores de PF-2. 17

2.8 Cálculo de las protecciones del banco de capacitores. 18

Capitulo III

Estudio sobre las consecuencias de un bajo factor de potencia. 19

Capitulo IV

4. Cálculo de la corriente de cortocircuito en el punto de falla. 20

4.1 Generalidades. 21

4.2 Bases del sistema 22

4.3 Reactancia por unidad referida a la nueva base. 23

4.4 Intensidad de corto circuito total por unidad. 24

4.4.1 Intensidad de corto circuito por unidad del generador. 25

4.4.2 Intensidad de corto circuito por unidad de motores. 25

4.4.3 Calculando intensidad de corto circuito simétrico. 26
4.4.4 Calculando intensidad de corto circuito asimétrico. 26

Introducción:

Este proyecto de grado consta de cuatro capítulos.

Primer capítulo: Cálculo de las pérdidas en una instalación industrial; en él se calculan las pérdidas en los conductores ramales, alimentadores y transformadores.

Segundo capítulo: Mejoramiento del factor de potencia. Se lleva el fac- tor de potencia de 0,7 a 0,9 mediante bancos capacitores colocados en las pizarras PF-1 y PF-2.

Tercer capítulo: Estudio sobre las consecuencias de un bajo factor de potencia. Enumera y da aplicaciones sobre las consecuencias de un bajo factor de potencia.

Cuarto capítulo: Cálculo de las corrientes de cortocircuito en el punto de falla. Se calcula la corriente de corto circuito en el punto de falla tomando el Método de por Unidad.

En cada capítulo hay un epígrafe llamado generalidades en el cual se profundiza un poco más sobre cada tema.

Capitulo I

1. Cálculo de las pérdidas en una instalación industrial

1.1 Generalidades

En los circuitos industriales se producen gastos, o perdidas de energía, que son calculadas de la siguiente forma:
1. Determinación de la corriente nominal o ramal.
2. Cálculo del conductor por calentamiento.
3. Calibre, capacidad, R y X del conductor
4. Comprobación por caída de voltaje del conductor($<\Delta V$).
5. Pérdida de potencia activa y reactiva por rama.
6. % de pérdidas(4%).

Luego de calcular todas las ramas de una pizarra de fuerza, se suman todas las potencias activas con sus pérdidas y se calcula por eficiencia la potencia de entrada del transformador, y con las potencias activas de entrada y de salida del transformador calculamos sus pérdidas y su % de pérdidas (Idem para potencia reactiva = Q)

Con las potencias activas y reactivas de entrada del transformador calculamos la potencia aparente del mismo.

$$S = \sqrt{P^2 + Q^2}$$

Este procedimiento se repetirá hasta calcular el transformador principal de la instalación; luego de calcular los alimentadores y los consumidores.

1.2. Conductor ramal a

1.2.1. Corriente nominal o ramal I_a

$$I_a = \frac{P_a}{\sqrt{3} \cdot VL \cdot Cos\theta} = \frac{150}{1,73 \cdot 0,22 \cdot 0,7} = 563 \, amp$$

1.2.2. Alimentador por calentamiento

$$I_A = 1,25 \cdot I_a = 703,8 \, amperes$$

1.2.3. Calibre para el conductor para la corriente I_a

Calibre	Amperes	R =	X
500MCM-RH	380	0,00359	0,00495

1.2.4 Comprobación por caída de voltaje del conductor seleccionado (< de 3.3V)

$$\Delta V = \sqrt{3} \cdot I_A \cdot L_A \frac{(Rcos\Phi + Rsen\Phi)}{2 \cdot 100}$$

$$\Delta V = 1,73 \cdot 703,8 \cdot 13,9 \frac{(0,00359 \cdot 0,7 + 0,00495 \cdot 0,7)}{2 \cdot 100} = 0,5 \text{ Volts}$$

1.2.5. Pérdidas de potencia activa y reactiva por rama

$\Delta P_a = I^2_a \cdot R_a = 563^2 \cdot 0,0002495 = 79 \text{ watts}$

$\Delta Q_a = I^2_a \cdot X_a = 563^2 \cdot 0,000344 = 109 \text{ VAR}$

1.2.6. % de pérdidas

$$\%\Delta P_a = \frac{\Delta P_a \cdot 100\%}{P_a} = \frac{79 \cdot 100\%}{150,000} = 0,05\%$$

$$\%\Delta Q_a = \frac{\Delta Q_a \cdot 100\%}{Q_a} = \frac{109 \cdot 100\%}{153,000} = 0,05$$

$tang\Phi = \frac{Q}{P}$

$Q = P \cdot tang\Phi = 150 \cdot 1,02 = 153 \text{ KVAR}$

1.3. Conductor ramal b

1.3.1. Corriente nominal o ramal I_b

$$I_b = \frac{P_b}{\sqrt{3} \cdot VL \cdot Cos\Phi} = \frac{100}{1,73 \cdot 0,22 \cdot 0,7} = 375,3 \text{ amperes}$$

1.3.2. Conductor por calentamiento

$I_b = 1,25 \cdot I_b = 469,1$ amp

1.3.3. Calibre del conductor para corriente I_b

Calibre	Amperes	R	X
750 MCM-RH	475	0,00280	0,00474

$L_b = 3,48 \cdot 12 = 41.8$ pies

1.3.4. Comprobación por caída de voltaje del conductor seleccionado.

$$\Delta V = \sqrt{3} \cdot I_b \cdot L_b \frac{(Rcos\Phi + Xsen\Phi)}{100}$$

$\Delta V = 1,73 \cdot 469,1 \cdot 41,8 \frac{(0,00280 \cdot 0,7 \cdot 0,00474 \cdot 0,7)}{} = 1,8V$

1.3.5. Pérdidas de potencia activa y reactiva

$\Delta P_b = I^2_b \cdot R_b = 375,3^2 \cdot 0,001170 = 164,8$ watts

$\Delta Q_b = I^2_b \cdot X_b = 375,3^2 \cdot 0,001981 = 279$ VAR

1.3.6. % de pérdidas

$\%\Delta P_b = \frac{\Delta P_b \cdot 100\%}{P_b} = \frac{164,8 \cdot 100}{100,000} = 0,2\%$

$\%\Delta Q_b = \frac{\Delta Q_b \cdot 100\%}{Q_b} = \frac{279 \cdot 100\%}{102,000} = 0,3\%$

$tang\Phi = \frac{Q}{P}$

$Q = P \cdot tang\Phi = 1,02 \cdot 100 = 102$ KVAR

1.4. Conductor ramal de $_c$

1.4.1. Corriente nominal o ramal I_c

$$I_c = \frac{P_c}{\sqrt{3} \cdot VL \cdot \cos\Phi} = \frac{100}{1,73 \cdot 0,22 \cdot 0,7} = 375,3 \text{ amperes}$$

1.4.2. Conductor por calentamiento

$I_c = 1,25 \times I_c = 469,1$ amperes

1.4.3. Calibre del conductor para la corriente Ic

Calibre	Amperes	R	X
750MCM-RH	475	0,00280	0,00474

$L_c = 3,48 \cdot 20 = 69,6$ pies

1.4.4. Comprobación por caída de voltaje del conductor seleccionado.

$$\Delta V = \sqrt{3} \cdot I_c \cdot L_c \frac{(R\cos\Phi + X\text{sen}\Phi)}{100}$$

$$\Delta V = 1,73 \cdot 469,1 \cdot 69,6 \frac{(0,00280 \cdot 0,7 + 0,00474 \cdot 0,7)}{100} = 2,9 \text{ Volts}$$

1.4.5. Pérdidas de potencia activa y reactiva por rama.

$\Delta P_c = I^2_c \cdot R_c = 375,3^2 \cdot 0,001948 = 274,4$ watts

$\Delta Q_c = I^2_c \cdot X_c = 375,3^2 \cdot 0,003299 = 464,7$ VAR

1.4.6. % de pérdidas

$$\%\Delta P_c = \frac{\Delta P_c \cdot 100\%}{P_c} = \frac{274,4 \cdot 100}{100,000} = 0,3\%$$

$$\%\Delta Q_c = \frac{\Delta Q_c \cdot 100\%}{Q_c} = \frac{464,7}{102,000} = 0,5\%$$

$\text{tang} = \frac{Q}{P}$

$Q = P(\text{tang}\Phi) = 100 \cdot 1,02 = 102$ KVAR

1.5. Conductor rama d

1.5.1. Corriente nominal o ramal I_d

$$I_d = \frac{P_d}{\sqrt{3} \cdot V_L \cdot \cos\Phi} = \frac{180}{1{,}73 \cdot 0{,}22 \cdot 0{,}7} = 675{,}6 \text{ amperes}$$

1.5.2. conductor por calentamiento

$I_d = 1{,}25 \cdot I_d = 844{,}5$ amperes

1.5.3. Calibre del conductor para la la corriente I_d

Calibre	Amperes	R	X
750 MCM- RH	475	0,00280	0,00474

$L_d = 3{,}48 \cdot 3 = 10{,}4$ pies

1.5.4. Comprobación por caída de voltaje del conductor seleccionado

$$\Delta V = \frac{\sqrt{3} \cdot I_d \cdot L_d (R\cos\Phi + X\sen\Phi)}{2 \cdot 100}$$

$$\Delta V = \frac{1{,}73 \cdot 844{,}5 \cdot 10{,}4 (0{,}00280 \cdot 0{,}7 + 0{,}00474 \cdot 0{,}7)}{2 \cdot 100} = 0{,}2 V$$

1.5.5. Pérdidas de potencia activa y reactiva por rama

$\Delta P_d = I^2_d \cdot R_d = 675{,}6^2 \cdot 0{,}0001456 = 66{,}5$ watts

$\Delta Q_d = I^2_d \cdot X_d = 675{,}6^2 \cdot 0{,}0002464 = 112{,}5$ VAR

1.5.6. % de Pérdidas

$$\%\Delta P_d = \frac{\Delta P_d \cdot 100\%}{P_d} = \frac{66{,}5 \cdot 100}{180{,}000} = 0{,}04\%$$

$$\%\Delta Q_d = \frac{\Delta Q_d \cdot 100\%}{Q_d} = \frac{112{,}5 \cdot 100}{183{,}600} = 0{,}06\%$$

$Q = P(\tang\Phi) = 180{,}1 \cdot 0{,}2 = 183{,}6$ KVAR

1.6. Cálculo del transformador T_2

1.6.1. Cálculo de la potencia de salida y la potencia de entrada. (activa)

$P_{sal} = \sum P_{ent} + \Delta P_{sal}$

$P_{salida} = P_a + \Delta P_a + P_b + \Delta P_b + P_c + \Delta P_c + P_d + \Delta P_d =$
$150 + 0,79 + 100 + 0,1648 + 100 + 0,2744 + 180 + 0,0665 = 530,6\%$

1.6.2. Cálculo de la potencia de entrada por eficiencia

$P_{ent} = \dfrac{P_{sal}}{n} = \dfrac{530,6}{0,98} = 541,4 \ kw$

1.6.3. Diferencia de potencia

$\Delta PT_2 = P_{ent} - P_{sal} = 541,4 - 530,6 = 10,8 \ kw$

1.6.4. Cálculo del % de pérdidas

$\%\Delta PT_2 = \dfrac{\Delta PT_2 \cdot 100\%}{P_{sal}T_2} = \dfrac{10,8 \cdot 100}{530,6} = 2\%$

1.6.5. Cálculo de potencia reactiva Q

$Q_{sal} = \sum Q_R + \Delta Q_R$

$Q_{sal} = Q_a + \Delta Q_a + Q_b + \Delta Q_b + Q_c + \Delta Q_c + Q_d + \Delta Q_d =$
$153 + 0,109 + 102 + 0,279 + 102 + 0,4647 + 183,6 + 0,1125 = 541,6 \ KVAR$

1.6.6. Cálculo de potencia de entrada por eficiencia

$Q_{ent} = \dfrac{Q_{sal}}{n} = \dfrac{541,6}{0,98} = 552,7 \ KVAR$

1.6.7. Diferencia de potencia

$\Delta QT_2 = Q_{ent} - Q_{sal} = 552,7 - 541,6 = 11,1 \ KVAR$

1.6.8. Cálculo del por % de pérdidas

$\%\Delta QT_2 = \dfrac{\Delta Q \cdot 100\%}{Q_{sal}} = \dfrac{11,1 \cdot 100}{541,6} = 2\%$

1.6.9. KVA del transformador T_2

$S = \sqrt{P^2 + Q^2} = \sqrt{541,4^2 + 552,7^2} = \sqrt{293114 + 305477,3} = 398591,3 = 773,7\ KVA$

1,7. Cálculo del alimentador principal A_1

1.7.1. Intensidad del alimentador principal A_1

$I_{a1} = \dfrac{P_{ent}}{\sqrt{3} \cdot VL \cdot \cos\Phi} = \dfrac{541,4}{1,73 \cdot 0,46 \cdot 0,7} = 902,3\ amperes$

1.7.2. Alimentador por calentamiento

$I_{A1} = 1,25 \cdot I_{A1} = 1127,9\ amperes$

1.7.3. Calibre del conductor para la corriente I_{A1}

Calibre	Amperes	R	X
500MCH-RH	380	0,00359	0,00495

$L_{A1} = 3.48 \cdot 10 = 34.8\ pies$

1.7.4. Comprobación por caída de voltaje del conductor seleccionado

$\Delta V = \dfrac{\sqrt{3}\ I_{al} \cdot L_{al}\ (R\cos\Phi + X sen\Phi)}{100 \cdot 3}$

$\Delta V = \dfrac{1,73 \cdot 1127,9 \cdot 34,8(0,00359 \cdot 0,7 + 0,00495 \cdot 0,7)}{100 \cdot 3} = 0,6\ Volts$

1.7.5. Pérdidas de potencia activa y reactiva

$\Delta P_1 = I^2{}_1 \cdot R_1 = 902,3^2 \cdot 0,000416 = 338,7\ watts$

$\Delta Q_1 = I^2{}_1 \cdot X_1 = 902,3^2 \cdot 0,000574 = 467.3\ VAR$

1.7.6. % de pérdidas

$$\%\Delta P_1 = \frac{\Delta P_1 \cdot 100\%}{P_1} = \frac{338,7 \cdot 100}{541,400} = 0,06\%$$

$$\Delta Q_1 = \frac{\Delta Q_1 \cdot 100\%}{Q_1} = \frac{467,3 \cdot 100}{552,200} = 0,08\%$$

$$Q = P(tang\Phi) = 541,4 \cdot 1,02 = 552,2 \, KVAR$$

1.8. Conductor ramal e

1.8.1. Corriente nominal o ramal I_e

$$I_e = \frac{P_e}{\sqrt{3} \cdot VL \cdot cos\Phi} = \frac{50}{1,73 \cdot 0,22 \cdot 0,7} = 187.7 \, amperes$$

1.8.2. Conductor por calentamiento

$$I_e = 1,25 \cdot I_e = 234,6 \, Amperes$$

1.8.3. Calibre del conductor para la corriente I_e

Calibre	=	Amperes	R	X
250MCM-RH		255	0.00609	0.00525

$$L_e = 3,48 \cdot 6 = 20,9 \, pies$$

1.8.4. Comprobación por caída de voltaje del conductor seleccionado

$$\Delta V = \sqrt{3} \cdot I_e \cdot L_e \frac{(Rcos\Phi + Xsen\Phi)}{100}$$

$$\Delta V = 1,73 \cdot 234,6 \cdot 20,9 \frac{(0,00609 \cdot 0,7 + 0,00525 \cdot 0,7)}{100} = 0,7 \, Volts$$

1.8.5. Pérdidas de potencia activa y reactiva por rama

$$\Delta P_e = I^2_e \cdot R_e = 187.7^2 \cdot 0,001273 = 44,8 \, watts$$

$\Delta Q_e = I^2_e \cdot X_e = 187{,}7^2 \cdot 0{,}001098 = 38{,}7 \ VAR$

1.8.6. % de pérdidas

$\%\Delta P_e = \dfrac{\Delta P_e \cdot 100\%}{P_e} = \dfrac{44{,}8 \cdot 100}{50{,}000} = 0{,}09\%$

$\%\Delta Q_e = \dfrac{\Delta Q_e \cdot 100\%}{Q_e} = \dfrac{38{,}7 \cdot 100}{51{,}000} = 0{,}08\%$

$Q = P(tang\Phi) = 50 \cdot 1{,}02 = 51 \ KVAR$

1.9 Conductor ramal f

1.9.1. Corriente nominal o ramal I_f

$I_f = \dfrac{P_f}{\sqrt{3} \cdot V_L \cdot \cos\Phi} = \dfrac{200}{1{,}73 \cdot 0{,}22 \cdot 0{,}7} = 750{,}7 \ amperes$

1.9.2. Conductor por calentamiento

$I_f = 1{,}25 \cdot I_f = 938{,}4^a \ amperes$

1.9.3. Calibre del conductor seleccionado

Calibre	Amperes	R	X
500MCM-RH	380	0,00359	0,00495

$L_f = 3{,}48 \cdot 10 = 34{,}8 \ pies$

1.9.4. Comprobación por caída de voltaje

$\Delta V = \dfrac{\sqrt{3} \cdot I_f \cdot L_f (R\cos\Phi + X sen\Phi)}{100 \cdot 3}$

$\Delta V = \dfrac{1{,}73 \cdot 938{,}4 \cdot 34{,}8 \ (0{,}00359 \cdot 0{,}7 + 0{,}00495 \cdot 0{,}7)}{100 \cdot 3} = 1{,}4 \ Volts$

1.9.5. Pérdidas de potencia activa y reactiva

$\Delta P_f = I^2_f \cdot R_f = (750,7)^2 \cdot 0,000417 = 235$ watts
$\Delta Q_f = I_f \cdot X_f = (750,7)^2 \cdot 0,000575 = 324$ VAR

1.9.6. % de pérdidas

$\%\Delta P_f = \dfrac{\Delta P_f \cdot 100\%}{P_f} = \dfrac{235 \cdot 100}{200,000} = 0,1\%$

$\%\Delta Q_f = \dfrac{\Delta Q_f \cdot 100\%}{Q_f} = \dfrac{324 \cdot 100}{204,000} = 0.1\%$

$Q = P(tang\Phi) = 200 \cdot 1,02 = 204$ KVAR

1.10. Conductor ramal$_g$

1.10.1. Corriente nominal o ramal I_g

$I_g = \dfrac{P_g}{\sqrt{3} \cdot V_L \cdot cos\Phi} = \dfrac{150}{1,73 \cdot 0,22 \cdot 0,7} = 563$ amperes

1.10.2. Conductor por calentamiento

$I_g = 1,25 \cdot I_g = 703,8$ amperes

1.10.3. Calibre del conductor seleccionado

Calibre	Amperes	R	X
500MCM-RH	380	0,00359	0,00495

$L_g = 3,48 \cdot 25 = 87$ pies

1.10.4. Comprobación por caída de voltaje

$\Delta V = \dfrac{\sqrt{3} \cdot I_g \cdot L_g \, (Rcos\Phi + Xsen\Phi)}{3.100}$

$\Delta V = \dfrac{1,73 \cdot 703,8 \cdot 87(0,00359 \cdot 0,7 + 0,00495 \cdot 0,7)}{3 \cdot 100} = 2,1$ Volts

1.10.5. Pérdidas de potencia activa y reactiva

$\Delta P_g = I^2_g \cdot R_g = 563^2 \cdot 0{,}0010411 = 330 \text{ watts}$

$\Delta Q_g = I^2_g \cdot X_g = 563^2 \cdot 0{,}0014355 = 455 \text{ VAR}$

1.10.6. % de pérdidas

$\%\Delta P_g = \dfrac{\Delta P_g \cdot 100\%}{P} = \dfrac{330 \cdot 100\%}{150{,}000} = 0{,}2\%$

$\%\Delta Q_g = \dfrac{\Delta Q_g \cdot 100\%}{Q_g} = \dfrac{455 \cdot 100\%}{153{,}000} = 0{,}3\%$

$Q = (P \tan \Phi) = 150 \cdot 1{,}02 = 153 \text{ KVAR}$

1.11. Cálculo del tranformador T_3

1.11.1. Cálculo de potencia de entrada y de salida

$P_{sal} = \sum PR + \Delta PR$
$P_{sal} = P_e + \Delta P_e + P_f + \Delta P_f + P_g + \Delta P_g =$
$50 + 0{,}0448 + 200 + 0{,}235 + 150 + 0{,}33 = 400{,}6 \text{ kw}$

1.11.2. Cálculo de la potencia activa de entrada por eficiencia

$P_{ent} = \dfrac{P_{sal}}{n} = \dfrac{400{,}6}{0{,}97} = 412 \text{ kw} \quad = konstante$

1.11.3. Diferencia de potencia

$\Delta P_{T3} = P_{ent} - P_{sal} = 413 - 400{,}6 = 12{,}4 \text{ kw}$

1.11.4. Cálculo del % de pérdidas

$\%\Delta P_{T3} = \dfrac{\Delta P_{T3} \cdot 100\%}{P_{sal}} = \dfrac{12{,}4 \cdot 100\%}{400{,}6} = 3\%$

1.11.5. Cálculo de potencia reactiva de salida T_3

$Q_{sal} = \sum QR + \Delta QR$
$Q_{sal} = Q_e + \Delta Q_e + Q_f + \Delta Q_f + Q_g + \Delta Q_g =$
$51 + 0,0387 + 204 + 0,324 + 153 + 0,455 = 400,6 \ KVAR$

1.11.6. Cálculo de la potencia reactiva de entrada por eficiencia

$Q_{ent} = \dfrac{Q_{sal}}{n} = \dfrac{408,8}{0,97} = 420,4 \ KVAR$

1.11.7. Diferencia de potencia reactiva

$\Delta Q_{T3} = Q_{ent} - Q_{sal} = 420,4 - 408,8 = 11,6 \ KVAR$

1.11.8. Cálculo del % de pérdidas

$\%\Delta Q_{T3} = \dfrac{\Delta Q \cdot 100\%}{Q_{sal}} = \dfrac{11,6 \cdot 100}{408,8} = 3\%$

1.11.9. Cálculo de KVA de T_3

$S = \sqrt{P^2 + Q^2} = \sqrt{413^2 + 420,4^2} = \sqrt{170,569 + 176,136 \cdot 16} =$

$\sqrt{347,305 \cdot 16} = 589,3 \ KVA$

1.12. Cálculo del alimentador principal A_2

1.12.1. Intensidad del alimentador principal A_2

$I_2 = \dfrac{P_{ent}T_3}{\sqrt{3} \cdot VL \cdot Cos\Phi} = \dfrac{413}{1,73 \cdot 0,22 \cdot 0,7} = 741,6 \ amperes$

1.12.2. Alimentador por calentamiento

$I_{A2} = 1,25 \cdot I_{A2} = 927 \ amperes$

1.12.3. Calibre del conductor seleccionado

Calibre	Amperes	R	X
750 MCM-RH	475	0,00280	0,00474

$L_{A2} = 3,48 \cdot 15 = 52,2$ pies

1.12.4. Comprobación por caída de voltaje

$$\Delta V = \sqrt{3} \cdot I_{A2} \cdot L_{A2} \frac{(R\cos\Phi + X\mathrm{sen}\Phi)}{100 \cdot 2}$$

$$\Delta V = 1,73 \cdot 927 \cdot 52,2 \frac{(0,00280 \cdot 0,7 + 0.00474 \cdot 0,7)}{100 \cdot 2} = 2,2 \text{ Volts}$$

1.12.5. Pérdidas de potencia activa y reactiva

$\Delta P_2 = I^2{}_2 \cdot R_2 = 741,6^2 \cdot 0,0007308 = 401,9$ watts

$\Delta Q_2 = I^2{}_2 \cdot X_2 = 741,6^2 \cdot 0,001237 = 680,3$ VAR

1.12.6. % de pérdidas

$$\%\Delta P_2 = \frac{\Delta P \cdot 100\%}{P_2} = \frac{401,9 \cdot 100}{413,000} = 0,001\%$$

$$\%\Delta Q_2 = \frac{\Delta Q_2 \cdot 100\%}{Q_2} = \frac{680,3 \cdot 100}{421,300} = 0,001\%$$

$Q = P(\tan\Phi) = 413 \cdot 1,02 = 421,3$ KVAR

1.12. Cálculo del consumidor

1.13.1. Intensidad del consumidor

$$I_c = \frac{P_c}{\sqrt{3} \cdot V_L \cdot \cos\Phi} = \frac{300}{1,73 \cdot 0,46 \cdot 0,9} = 418,9 \text{ amperes}$$

1.13.2. Conductor por calentamiento

$I_c = 1,25 \cdot I_c = 523,6$ amperes

1.13.3. Calibre del conductor seleccionado

Calibre	Amperes	R	X
350MCM-RH	310	0,00461	0,00514

$Lc = 3{,}48 \cdot 20 = 69{,}6$ pies

1.13.4. Comprobación por caída de voltaje

$$\Delta V = \frac{\sqrt{3} \cdot Ic \cdot Lc \,(R\cos\Phi + R\sin\Phi)}{100 \cdot 2}$$

$$\Delta V = \frac{1{,}73 \cdot 523{,}6 \cdot 69{,}6\,(0{,}00461 \cdot 0{,}7 + 0{,}00514 \cdot 0{,}7)}{100 \cdot 2} = 1\,Volts$$

1.13.5. Pérdidas de potencia activa y reactiva

$\Delta Pc = I^2c \cdot Rc = 418{,}9^2 \cdot 0{,}001604 = 281{,}5$ watts

$\Delta Qc = I^2c \cdot Xc = (418{,}9)^2 \cdot 0{,}001789 = 313{,}9\,VAR$

1.13.6. % de pérdidas

$$\%\Delta P_c = \frac{\Delta P_c \cdot 100\%}{P_c} = \frac{281{,}5 \cdot 100}{300{,}000} = 0{,}09\%$$

$$\%\Delta Q_c = \frac{\Delta Q_c \cdot 100\%}{Q_c} = \frac{313{,}9 \cdot 100}{144{,}000} = 0{,}2\%$$

$Q = P(\tan\Phi) = 300 \cdot 0{,}48 = 144\,KVAR$

1.14. Cálculo del transformador T1

1.14.1. Cálculo de la potencia activa de salida

$P_{sal} = P_1 + \Delta P_1 + P_2 + \Delta P_2 + P_c + \Delta P_c =$

$541{,}4 + 0{,}3387 + 413 + 0{,}4019 + 300 + 0{,}2815 = 1{,}255.5$ kw

1.14.2. Cálculo de la potencia de entrada por eficiencia

$$P_{ent} = \frac{P_{sal}}{n} = \frac{1,255.5}{0,98} = 1,281.1 \ kw$$

1.14.3. Pérdidas de potencia del transformador T_1

$$\Delta P = P_{ent} - P_{sal} = 1,281.1 - 1,255.5 = 25.6 \ kw$$

1.14.4. % de pérdidas

$$\%\Delta P_{T1} = \frac{\Delta P \cdot 100\%}{P_{sal}} = \frac{25,6 \cdot 100}{1,255.5} = 0,02\%$$

1.14.5. Cálculo de potencia reactiva de salida

$$Q_{sal} = Q_1 + \Delta Q_1 + Q_2 + \Delta Q_2 + Q_c + \Delta Q_c =$$

$$552,2 + 0,4673 + 421,3 + 0,6803 + 144 + 0,3139 = 1,119 \ KVAR$$

1.14.6. Cálculo de las pérdidas

$$\Delta Q = Q_{ent} - Q_{sal} = 1,141.8 - 1,119 = 22,8 \ KVAR$$

1.14.7. Cálculo del % de pérdidas

$$\%\Delta Q_{T1} = \frac{\Delta Q \cdot 100\%}{Q_{sal}} = \frac{22,8 \cdot 100}{1,119} = 0,02\%$$

1.14.8. Potencia aparente del T_1

$$S = \sqrt{P^2_{ent} + Q^2_{ent}} = \sqrt{1,281.1^2 + 1,141.8^2} =$$

$$\sqrt{641,217.2 + 130,3707.2} = 1,716.1 \ KVA$$

Capítulo II

2. Mejoramiento del factor de potencia

2.1. Generalidades

Podemos decir que según sea el valor del factor de potencia sabremos el grado de aprovechamiento de la potencia generada.

El factor de potencia, observando el triángulo de potencia, no es más que la relación entre la potencia activa y la potencia aparente.

$$Cos\Phi = \frac{P}{S}$$

Mientras más se logre acercar el factor de potencia al valor 1 tendrá más eficiencia al sistema. Para lograr este propósito se trabaja sobre la potencia reactiva, mediante medios compensadores o no, para reducirla.

Observando la siguiente fórmula donde la potencia reactiva Q es directamente proporcional a la potencia aparente S, queda demostrado lo ante expuesto.

$$S = \sqrt{P^2 + Q^2}$$

Existen varios factores de potencia: el actual, el medio pesado, el natural y el global.

El factor de potencia actual se puede determinar directamente de la indicación de un fasímetro, o por medio del cálculo tomando la lectura de un voltímetro y un amperímetro (para circuitos trifásicos, los valores me- dios), por la fórmula:

$$Cos\Phi = \overline{\sqrt{3}.V.I}$$

Con el factor de potencia actual podemos tener juicio, si la potencia reactiva Q es estable o no.

El factor de potencia medio pesado, se calcula tomando un período determinado de tiempo y con él no es posible calcular los cambios reales de la magnitud actual $cos\Phi$. Por último los factores de potencia natural y global se relacionan con el no uso o uso, respectivamente, de medios que son compensadores.

Entre las formas para reducir la potencia reactiva Q, sin uso de medios compensadores tenemos:
a) Ordenamiento del proceso tecnológico.
b) Sustitución de los motores sub-cargados.
c) Reducción a la limitación del voltaje en motores que trabajan con poca fuerza.
d) Limitación del trabajo en vacío de los motores.
e) Sustitución de motores asíncronos por motores síncronos.
f) Elevación de la calidad de reparación de los motores.
g) Sustitución de transformadores sub-cargados.

Para reducir la potencia reactiva Q mediante el uso de medios compensadores empleamos: Compensadores y medios síncronos, y los condensadores estáticos o capacitores.

En nuestro proyecto se emplean dos bancos de capacitores: Uno para cada pizarra de fuerza. El cálculo se realiza de la siguiente forma: Se calcula en KVAR la capacidad del banco de capacitores, los KVA liberados, los KVAR por fase, la resistencia de descarga y el fusible de protección del banco.

2.2. *Cálculo del banco de capacitores para P-F-1 (se quiere llevar de $\cos\Phi = 0{,}7$ a $\cos\Phi = 0{,}9$)*

$$KVAR = KW\Delta\tan\Phi = 0{,}536 \cdot 530 = 284{,}1$$

2.3. *Cálculo de KVA liberados*

$$KVA_L = KVA_v - KVA_n =$$

$$\frac{P}{\cos\Phi_1} - \frac{P}{\cos\Phi_2} = \frac{530}{0{,}7} - \frac{530}{0{,}9} = 757{,}1 - 588{,}9 = 168{,}2$$

2.4. *Cálculo de los KVAR por fase*

$$KVAR_f = \frac{KVAR}{3} = \frac{284{,}1}{3} = 94{,}7$$

2.5. *Cálculo de capasitores por fase*

$$\text{Capacitores por fase} = \frac{KVAR_f}{KVAR_c} = \frac{94{,}8}{4} = 23$$

Tipo de capacitor: KM – 0,22 = 4 KVAR

2.6. Cálculo de las protecciones del banco de capasitores

2.6.1. Cálculo de la resistencia de descarga

$$R = \frac{15 \cdot V^2_f \cdot 10^6}{KVAR_f} = \frac{15 \cdot 0,22^2 \cdot 10^6}{94,7} = 7,666.3 \text{ ohms} = 7,7 \text{ k}\Omega$$

2.6.2. Cálculo del fusible

$$I_f \leq 1,6n \quad \frac{Q_c}{\sqrt{3} \cdot V_L} \leq \frac{1,6 \cdot 23,4}{1,73 \cdot 0,22} \leq 386,8 \text{ amperes}$$

Q_c = carga de un capacitor

2.7. Cálculo del banco de capasitores para PF-2

$$KVAR = KW \cdot \Delta tan\Phi = 400 \cdot 0,536 = 214,4$$

2.7.1. Cálculo de los KVA_L

$$KVA_L = \frac{P}{Cos\Phi_1} - \frac{P}{Cos\Phi_2} = \frac{400}{0,7} - \frac{400}{0,9} = 571,4 - 444,4 = 127$$

2.7.2. Cálculo de $KVAR_{fase}$

$$KVAR_f = \frac{KVAR}{3} = \frac{214,4}{3} = 71,4$$

2.7.3. Cálculo de capasitores por fase

$$\text{Capacitores por fase} = \frac{KVAR_f}{KVAR_c} = \frac{71,5}{4} = 17$$

2.8. Cálculo de las protecciones del banco de capasitores

2.8.1. Cálculo de la resistencia de descarga

$$R = \frac{15 \cdot V^2{}_f \cdot 10^6}{KVAR_f} = \frac{15 \cdot 0{,}22^2 \cdot 10^6}{71{,}5} = \frac{10153{,}8\ Ohm}{71{,}5} = 10{,}2\ k\Omega$$

2.8.2. Cálculo del fusible

$$I_f \leq 1{,}6n \ \frac{Qc}{\sqrt{3} \cdot V_L} = \frac{1{,}6 \cdot 17{,}4}{1{,}73 \cdot 0{,}22} = 285{,}9\ amp$$

Capítulo III
Estudio sobre consecuencia de un bajo factor de potencia.

Muchos receptores o equipos necesitan para su funcionamiento normal tanto potencia activa P como potencia reactiva Q, aunque esta última es la causa fundamental de un bajo factor de potencia.

Los principales consumidores de potencia reactiva son: Motores (60-65%) de la potencia reactiva total, los transformadores (20-25%) y las líneas, aéreas, reactores convertidores y otros (cerca del 10%).

La potencia reactiva puede ser hasta de un 130% en comparación con la potencia activa de acuerdo al equipamiento que se use.

Transmitir potencia reactiva a través de líneas y transformadores en gran cantidad es desventajoso por lo siguiente:

Aparecen pérdidas adicionales de potencia activa en todos los elementos del sistema de suministro.

Las pérdidas adicionales de potencia activa son proporcionales al cuadrado de la potencia reactiva. Al pasar potencia activa P y potencia reactiva Q por un elemento del sistema con resistencia R, las pérdidas de potencia activa serán:

$$\Delta P = \frac{P^2 + Q^2 \cdot R}{V^2} = \frac{P^2 \cdot R}{V^2} + \frac{Q^2 \cdot R}{V^2} = \Delta P_a + \Delta P_r$$

ΔP_r = Pérdidas adicionales de potencia activa.

Aparecen pérdidas o caída de voltaje adicionales al transmitir P y Q a través de un elemento del sistema que tenga resistencia R y reactancia X.

Las caídas adicionales de voltaje: ΔV_r aumentan las desviaciones de voltaje de un valor nominal, problema que requiere un aumento de la potencia y el costo de los equipos de regulación de voltaje.

La caída de voltaje será:
$$\Delta V = \frac{PR + QX}{V} = \frac{PR}{V} + \frac{QX}{V} = \Delta V_a + \Delta V_r$$

donde: ΔV_a = *Caída de voltaje debido a la potencia activa.*
ΔV_r = *Caída de voltaje debido al potencial reactivo.*

La carga de las líneas y transformadores con potencia reactiva dismi unye la capacidad de éstos, y requieren medidas adicionales para el in cremento de ésta; aumento de las secciones de los conductores de las líneas aéreas y cables, aumento de la potencia nominal o números de transformadores, etc.

Para contrarrestar lo anteriormente expuesto, técnica y económica- mente se aconseja acercar la fuente de potencia reactiva a los puntos de consumo, esto libera gran parte de las líneas y transformadores de la potencia reactiva e incrementará el factor de potencia.

El factor de potencia óptimo de una empresa industrial se obtiene a través de la compensación de la potencia reactiva, tanto por medios naturales, como por medios compensadores (asunto: ya, expuesto con anterioridad).

Capitulo IV
4. Cálculo de la corriente de cortocircuito en el punto de falla

4.1. Generalidades
Para calcular la corriente de cortocircuito existen varios métodos, en- tre ellos:
Método de los ohm
Método de por unidades
Método de los MVA

Usaremos el método por unidades en el cual se procede de la siguien te forma: se toman valores bases de potencia y voltaje, se calculan por unidades los valores de reactancia dados en % (se divide por 100), se calcula la reactancia referida a la nueva base. Así se calculan to- dos los elementos del sistema: Generador, líneas, transformadores, y motores. Seguidamente de acuerdo al lugar en que esté el punto de falla, se calculan las intensidades de cortocircuito por unidad y la in- tensidad de cortocircuito por unidad total. Después se obtiene la inten sidad de cortocircuito si- métrico, multiplicando la intensidad de cor-

tocircuito por unidad total, por la intensidad base. Finalmente se obtiene la intensidad de cortocircuito asimétrico, multiplicando por un factor de multiplicación a la inten sidad de cortocircuito simétrico.

4.2. Bases del sistema

$KVA_{b2} = 200\ MVA = 200,000\ KVA$

$KV_{b2} = 13,8\ KV$

4.3. Reactancia por unidad referida a la nueva base

4.3.1. Generador

$X(0/1)_2 = X(0/1)_1 \dfrac{(KVA_{b2})}{(KVA_{b1})} \cdot \dfrac{(KVA_{b1})^2}{(KV_{b2})} = 0,1 \dfrac{(200,000)}{(200,000)} \cdot \dfrac{(13,8)^2}{(13,8)} = 0,1$

4.3.2. Transformador T_1

$X(0/1)_2 = X(0/1)_1 \dfrac{(KVA_{b2})}{(KVA_{b1})} \cdot \dfrac{(KVA_{b1})^2}{(KV_{b2})} = 0,5 \dfrac{(200,000)}{(1,716.1)} \cdot \dfrac{(13.8)^2}{(13.8)} = 58,3$

4.3.3. Transformador T_2

$KVA_{b1} = 773,7$
$KV_{b2} = 0,460$

$X(0/1)_2 = X(0/1)_1 \dfrac{(KVA_{b2})}{(KVA_{b1})} \cdot \dfrac{(KV_{b1})^2}{(KV_{b2})} = 0,3 \dfrac{(200,000)}{(773,7)} \cdot \dfrac{(0,46)^2}{(0,46)} = 77,5$

4.3.4. Transformador T_3

$KVA_{b1} = 589,3$

$KV_{b2} = 0,46$

$X(0/1)_2 = X(0/1)_1 \cdot \dfrac{(KVA_{b2})}{(KVA_{b1})} \cdot \dfrac{(KV_{b1})^2}{(KV_{b2})} = 0,25 \dfrac{(200,000)}{(589,3)} \cdot \dfrac{(0,46)^2}{(0,46)} = 84,8$

4.3.5. Alimentador 1

$$X(0/1)_{alim\ 1} = X\Omega \frac{(KVA_{b2})}{KV_b^2 \cdot 10^3} = (0,000574) \cdot \frac{200,000}{0,46^2 \cdot 10^3} = 0,5$$

4.3.6. Alimentador 2

$$X(0/1)_{alim\ 2} = X\Omega \frac{(KVA_{b2})}{KV^2 \cdot 10^3} = 0,001237 \frac{(200,000)}{(0,46)^2 \cdot 10^3} = 1,2$$

4.3.7. Rama a

$$X(0/1)_a = (X\Omega) \frac{KVA_{b2}}{KV^2 \cdot 10^3} = 0,000344 \cdot \frac{200,000}{(0,22)^2 \cdot 10^3} = 1,4$$

$$X(0/1)_b = (X\Omega) \frac{KVA_{b2}}{KV^2 \cdot 10^3} = 0,001981 \cdot \frac{200,000}{(0,22)^2 \cdot 10^3} = 8,2$$

$$X(0/1)_c = (X\Omega) \frac{KVA_{b2}}{KV^2 \cdot 10^3} = 0,003299 \cdot \frac{200,000}{(0,22)^2 \cdot 10^3} = 13,6$$

$$X(0/1)_d = (X\Omega) \frac{KVA_{b2}}{KV^2 \cdot 10^3} = 0,0002464 \cdot \frac{200,000}{(0,22)^2 \cdot 10^3} = 1$$

$$X(0/1)_e = (X\Omega) \frac{KVA_{b2}}{KV^2 \cdot 10^3} = 0,001098 \cdot \frac{200,000}{-(0,22)^2 \cdot 10^3} = 4,5$$

$$X(0/1)_f = (X\Omega) \frac{KVA_{b2}}{KV^2 \cdot 10^3} = 0,000575 \cdot \frac{200,000}{(0,22)^2 \cdot 10^3} = 2,4$$

$$X(0/1)_g = (X\Omega) \frac{KVA_{b2}}{KV^2 \cdot 10^3} = 0,0014355 \cdot \frac{200,000}{(0,22)^2 \cdot 10^3} = 5,9$$

4.3.8. Cálculo de los KVA de motores

$$S_1 = \frac{P_1}{\sqrt{3} \cdot \cos\Phi} = \frac{150}{(1,73)(0,7)} = 214,3$$

$$S_2 = \frac{P_2}{\sqrt{3} \cdot \cos\Phi} = \frac{100}{(1,73)(0,7)} = 142,8$$

$$S_3 = \frac{P_3}{\sqrt{3} \cdot \cos\Phi} = \frac{100}{(1,73)(0,7)} = 142,8$$

$$S_4 = \frac{P_4}{\sqrt{3} \cdot \cos\Phi} = \frac{180}{(1,73)(0,7)} = 257,1$$

$$S_5 = \frac{P_5}{\sqrt{3} \cdot \cos\Phi} = \frac{50}{(1,73)(0,7)} = 71,4$$

$$S_6 = \frac{P_6}{\sqrt{3} \cdot \cos\Phi} = \frac{200}{(1,73)(0,7)} = 285,7$$

$$S_7 = \frac{P_7}{\sqrt{3} \cdot \cos\Phi} = \frac{150}{(1,73)(0,7)} = 214,3$$

4.3.9. Motores

$$X_{m1}(0/1)_2 = X(0/1)_1 \frac{(KVA_{b2})}{(KVA_{b1})} \cdot \frac{(KV_{b1})^2}{(KV_{b2})^2} =$$

$$0,25 \cdot \frac{200.000}{214,3} \cdot \frac{0,22}{0,22} = 233,3$$

$$X_{m2}(X(0/1)_2 = X(0/1)_1 \frac{(KVA_{b2})^2}{(KVA_{b1})} \cdot \frac{(KV_{b1})^2}{(KV_{b2})^2} =$$

$$0,25 \cdot \frac{200.000}{142,8} \cdot \frac{0,22}{0,22} = 350,1$$

$$X_{m3} = X(0/1)_2 = (0/1)_1 \frac{(KVA_{b2})}{(KVA_{b1}^2)} \cdot \frac{(KV_{b1})^2}{(KV_{b2})} =$$

$$0,25 \cdot \frac{200.000}{142,8} \cdot \frac{0,22}{0,22} = 350,1$$

$$X(0/1)_{m4} = X(0/1)_1 \frac{(KVA_{b2})}{(KVA_{b1})} \cdot \frac{(KV_{b1})^2}{(KV_{b2})} =$$

$$0,25 \cdot \frac{200.000}{257,1} \cdot \frac{0,22}{0,22} = 194,5$$

$X_{m5}(0/1)_2 = X(0/1)_1 \dfrac{(KVA_{b2})}{(KVA_{b1})} \cdot \left(\dfrac{(KV_b)}{(KV_{b2})}\right)^2 =$

$0,25 \cdot \dfrac{200,000}{71,4} \cdot \dfrac{0,22}{0,22} = 700,3$

$X_{m6}(X(0/1)_2 = X(0/1)_1 \dfrac{(KVA_{b2})}{(KVA_{b1})} \cdot \left(\dfrac{(KV_{b1})}{(KV_{b2})}\right)^2 =$

$0,25 \cdot \dfrac{200,000}{285,7} \cdot \dfrac{0,22}{0,22} = 175$

$X_{m7}(0/1)_2 = X(0/1)_1 \dfrac{(KVA_{b2})}{(KVA_{b1})} \cdot \left(\dfrac{(KV_{b1})}{(KV_{b2})}\right)^2 =$

$0,25 \cdot \dfrac{200,000}{214,3} \cdot \dfrac{0,22}{0,22} = 233,3$

4.4. Intensidad de cc total por unidad

$$I_{cc}(0/1)_T = I_{cc}(0/1)_g + \sum_{1}^{4} I_{cc}(0/1)_m + \sum_{3}^{7} I_{cc}(0/1)_m$$

4.4.1. Intensidad de cc del generador

$I_{cc}(0/1)_g = \dfrac{1}{X(0/1)_g + X(0/1)_{T1}} = \dfrac{1}{0,1 + 58,3} = \dfrac{1}{58,4} = 0,02$

4.4.2. Intensidad de cc de motores

$I_{cc}(0/1)_{ma} = \dfrac{1}{X(0/1)_a + X(0/1)_{T2} + X(0/1)_{alim1} + X(0/1)_{m1}} =$

$\dfrac{1}{1,4 + 77,5 + 0,5 + 233,3} = \dfrac{1}{312,7} = \dfrac{1}{312,7} = 0,003$

$I_{cc}(0/1)_{mb} = \dfrac{1}{X(0/1)_b + X(0/1)_{T2} + X(0/1)_{alim1} + X(0/1)_{m2}} =$

$$\frac{1}{8{,}2 + 77{,}5 + 0{,}5 + 350{,}1} = \frac{1}{436{,}3} = 0{,}002$$

$$I_{cc(0/1)mc} = \frac{1}{X(0/1)_c + X(0/1)_{T2} + X(0/1)_{alim1} + X(0/1)_{m3}} =$$

$$\frac{1}{13{,}6 + 77{,}5 + 0{,}5 + 350{,}1} = \frac{1}{441{,}7} = 0{,}002$$

$$I_{cc(0/1)md} = \frac{1}{X(0/1)_d + X(0/1)_{T2} + X(0/1)_{alim1} + X(0/1)_{m4}} =$$

$$\frac{1}{1 + 77{,}5 + 0{,}5 + 194{,}5} = \frac{1}{273{,}5} = 0{,}004$$

$$I_{cc(0/1)me} = \frac{1}{X(0/1)_e + X(0/1)_{T3} + X(0/1)_{alim2} + X(0/1)_{m5}} =$$

$$\frac{1}{4{,}5 + 84{,}8 + 1{,}2 + 700{,}3} = \frac{1}{790{,}8} = 0{,}001$$

$$I_{cc(0/1)mf} = \frac{1}{X(0/1)_f + X(0/1)_{T3} + X(0/1)_{alim2} + X(0/1)_{m6}} =$$

$$\frac{1}{2{,}4 + 84{,}8 + 1{,}2 + 175} = \frac{1}{263{,}4} = 0{,}004$$

$$I_{cc(0/1)mg} = \frac{1}{X(0/1)_g + X(0/1)_{T3} + X(0/1)_{alim2} + X(0/1)_{m7}} =$$

$$\frac{1}{5{,}9 + 84{,}8 + 1{,}2 + 233{,}3} = \frac{1}{325{,}2} = 0{,}003$$

$$\sum_{1}^{4} I_{cc(0/1)m} = I_{cc(0/1)m1} + I_{cc(0/1)m2} + I_{cc(0/1)m3} + I_{cc(0/1)m4} =$$

$$0{,}003 + 0{,}002 + 0{,}002 + 0{,}004 = 0{,}11$$

$$\sum_{5} I_{cc(0/1)m} = I_{cc(0/1)m5} + I_{cc(0/1)m6} + I_{cc(0/1)m7} =$$

$$0{,}01 + 0{,}004 + 0{,}003 = 0{,}008$$

$$I_{cc(0/1)Trans} = I_{cc(0/1)g} + \sum I_{cc(0/1)m} + I_{cc(0/1)m} =$$

$$0,02 + 0,011 + 0,008 = 0,04$$

$$\frac{1}{2,4 + 84,8 + 1,2 + 175} = \frac{1}{263,4} = 0,004$$

$$I_{cc(0/1)mg} = \frac{1}{X_{(0/1)g} + X_{(0/1)T3} + X_{(0/1)alim2} + X_{(0/1)m7}} =$$

$$\frac{1}{5,9 + 84,8 + 1,2 + 233,3} = \frac{1}{325,2} = 0,003$$

$$\sum_{1}^{4} I_{cc(0/1)m} = I_{cc(0/1)m1} + I_{cc(0/1)m2} + I_{cc(0/1)m3} + I_{cc(0/1)m4} =$$

$$0,003 + 0,002 + 0,002 + 0,004 = 0,11$$

$$\sum_{5}^{7} I_{cc(0/1)m} = I_{cc(0/1)m5} + I_{cc(0/1)m6} + I_{cc(0/1)m7} =$$

$$0,01 + 0,004 + 0,003 = 0,008$$

$$I_{cc(0/1)Trans} = I_{cc(0/1)g} + \sum I_{cc(0/1)m} + I_{cc(0/1)m} =$$

$$0,02 + 0,011 + 0,008 = 0,04$$

4.4.3. Calculando intensidad de cc simétrico

$I_{ccsim} = I_{cc(0/1)Trans} \cdot I_{bace} = 0,04 \cdot 251,319.4 = 10,052.6$ amperes

$I_{bace} = \dfrac{KVA_{b2}}{\sqrt{3} \cdot KV_{bace}} = \dfrac{200,000}{1,73 \cdot 0,46} = 251,319.4$ amperes

4.4.4. Calculando intensidad de cc asimétrico
$I_{ccasim} = I_{ccasim} \cdot FM = 10,052.6 \times 1,6 = 16,083.2$ amperes

CALCULO DE PERDIDAS DE UN SISTEMA INDUSTRIAL

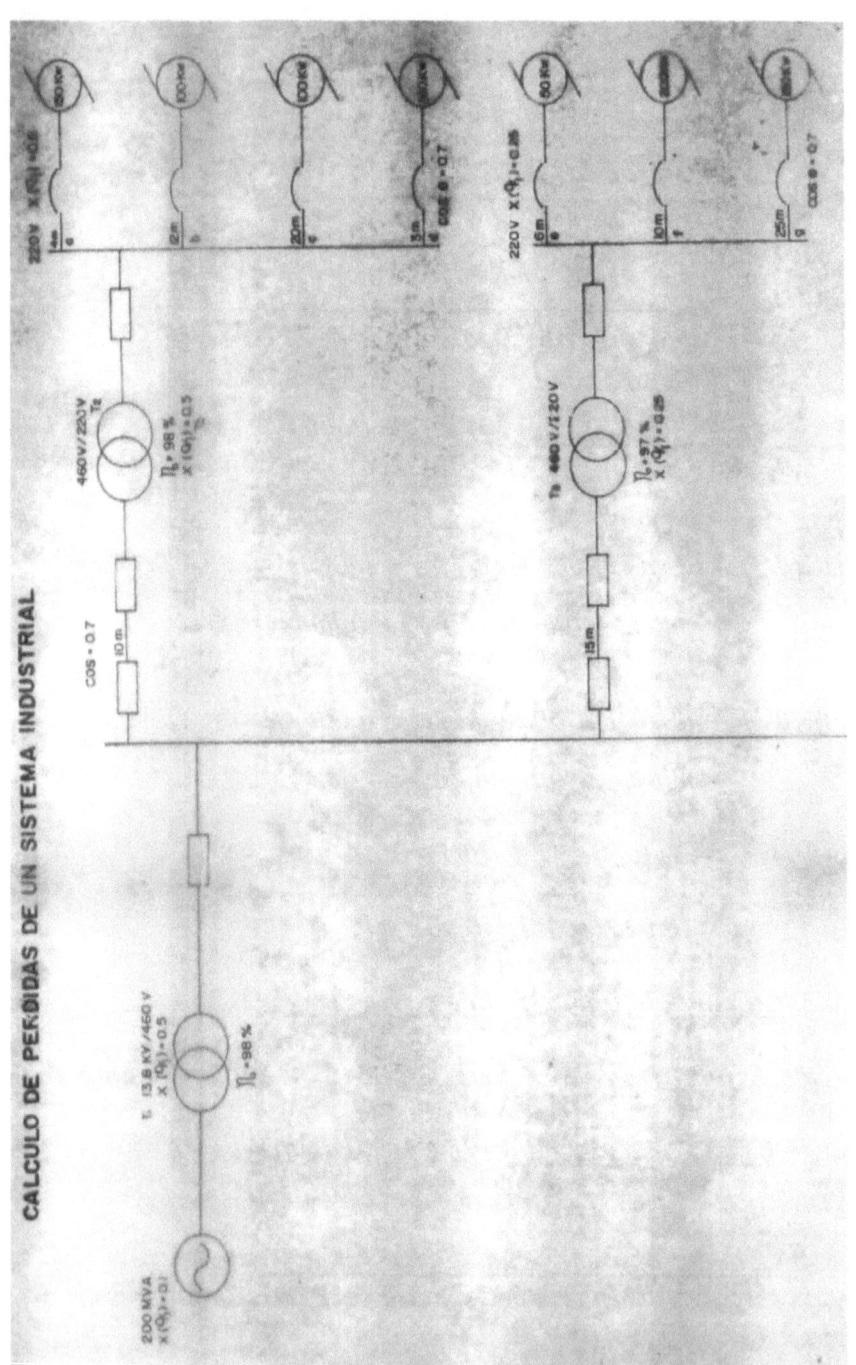

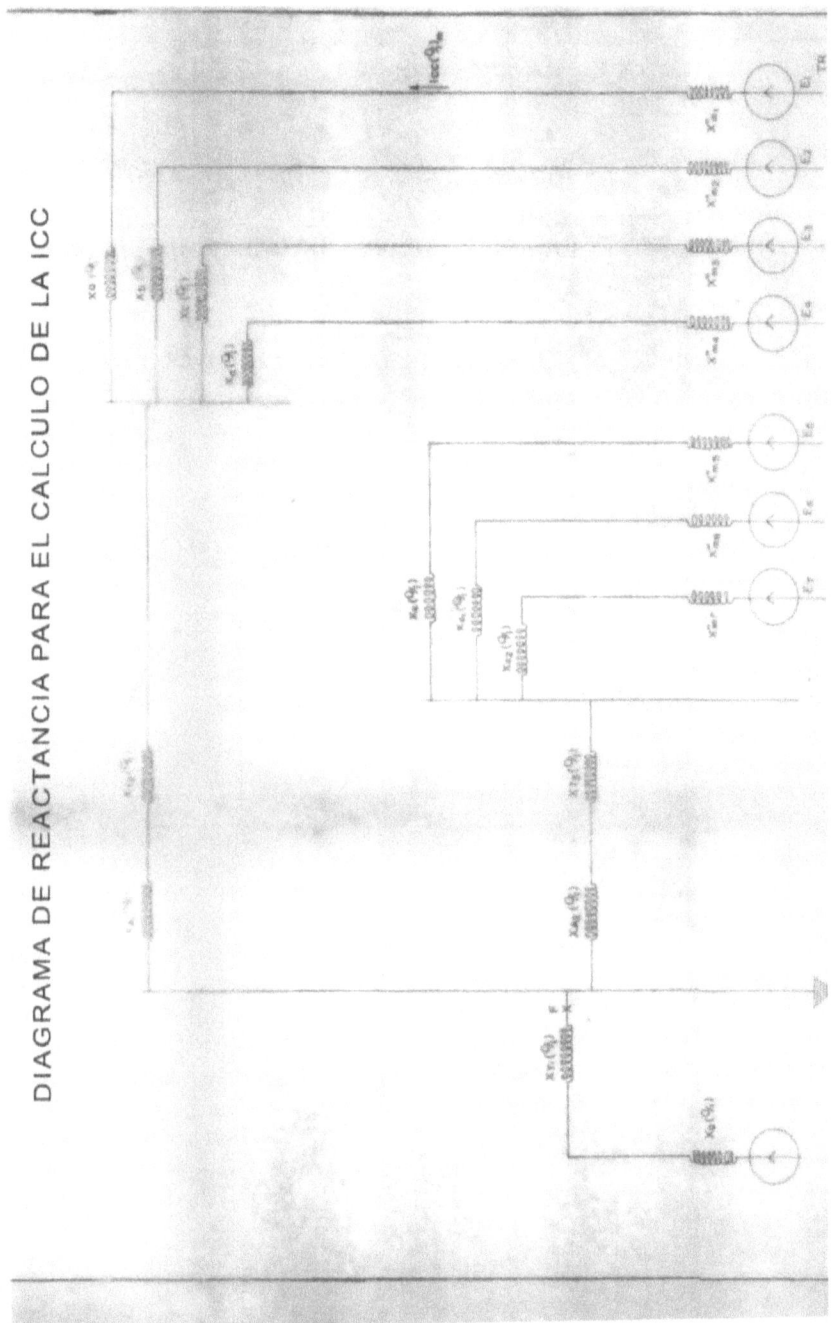

DIAGRAMA DE REACTANCIA PARA EL CALCULO DE LA ICC

Anexo #2

Análisis trigonométrico

<u>Ángulo</u> s.m.(lat. Angulus, rincón). Figura geométrica formada por dos semirrectas, o <u>lados</u>, o por dos semiplanos, o <u>caras</u>, que se cortan.
<u>Coseno</u> s.m.MAT. Seno del complemento de un ángulo (símb:cos).

Concepto

En trigonometría el coseno de un ángulo, y de un triángulo rectángulo, es la división entre el cateto y la hipotenusa.

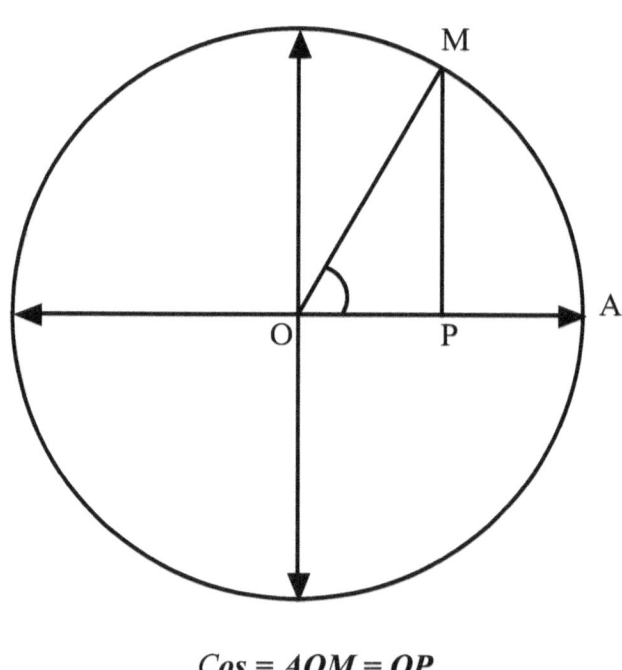

$$Cos = AOM = \frac{OP}{OA}$$

Seno: Matemática. 1) Concavidad o hueco. 2) Concavidad que forma una cosa curva. 3) Espacio hueco que queda entre el vestido y el pecho. 4) Mama en la mujer. 5) Utero sin: Seno materno. 6) Regazo, amparo, refugio. 7) Figura, parte interna de algo material o inmaterial: el seno del mar; el seno de una familia. 8) Anatomía: a): Cavidad existente en el espesor de un hueso (sos), seno frontal; seno maxilar, b): Conducto venenoso dentro de la cavidad craneal. 9); Matemática: Relación entre la perpendicular *MP*, trazada desde uno de los extremos *M*, de un arco de circulo *AM*, sobre el diámetro que pasa por el otro extremo de arco y de radio *OA*

Concepto

En trigonometría el seno de un ángulo, y de un triángulo rectángulo, es la división entre el cateto y la hipotenusa.

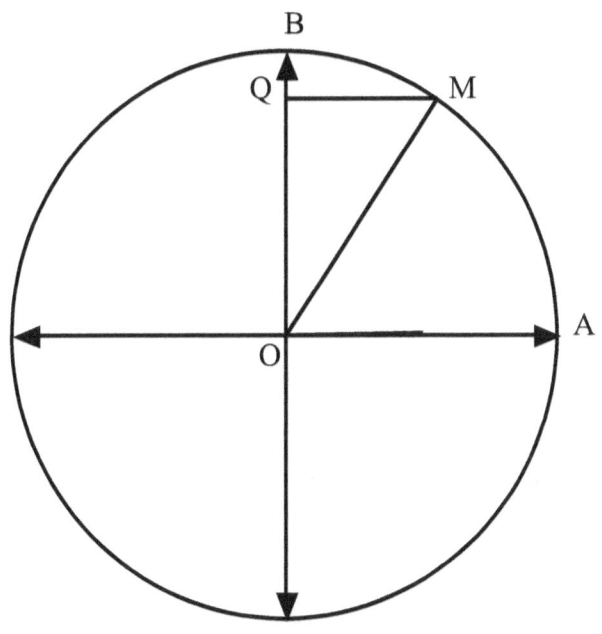

$$Sen = AOM = \frac{OQ}{OB}$$

Tangente: (Del latín tangere = tocar). Que está en contacto por un solo punto.

Recta, que toca en un solo punto a una curva o a una superficie sin contarla.

Plano tangente, a una superficie en un punto plano que contiene las tangentes o todas las curvas trazadas sobre una superficie y que pasan por este punto. Salirse, o irse, por la tangente. Utilizar una evasiva para aludir una respuesta.

Superficies tangentes en un punto, superficies que admiten el mismo plano tangente en dicho punto.

Tangente a una superficie tangente a una curva cualquiera de dicha superficie.

Tangente de un ángulo, o de un arco. Cociente del seno por el coseno de dicho ángulo, o de dicho arco.

Concepto

En trigonometría, la tangente de un ángulo, es la relación entre los catetos de un triángulo rectángulo. Es un factor numérico entre la división de la longitud del cateto adyacente del ángulo en cuestión.

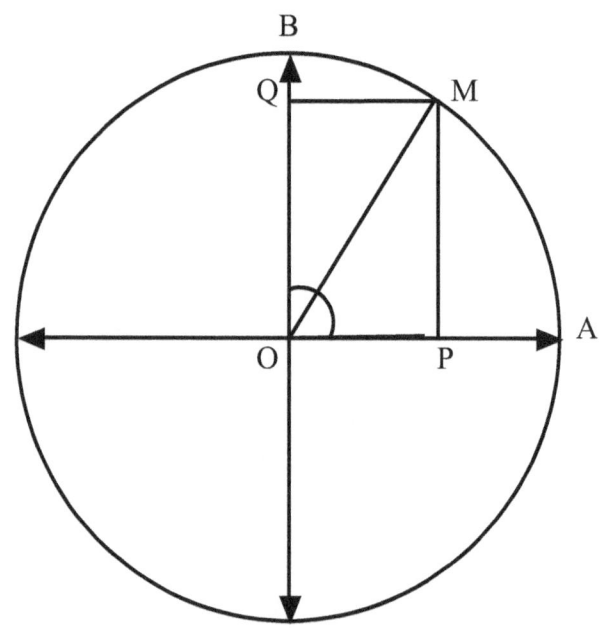

$$Tang = AOM = \frac{OQ}{OP}$$

*Cotangente: Matemática, valor recíproco de la tangente de ángulo.
Símbolo: Cotangente.*

Comcepto

La cotangente, es la razón trigonométrica inversa de la tangente, o también su inverso multiplicativo.

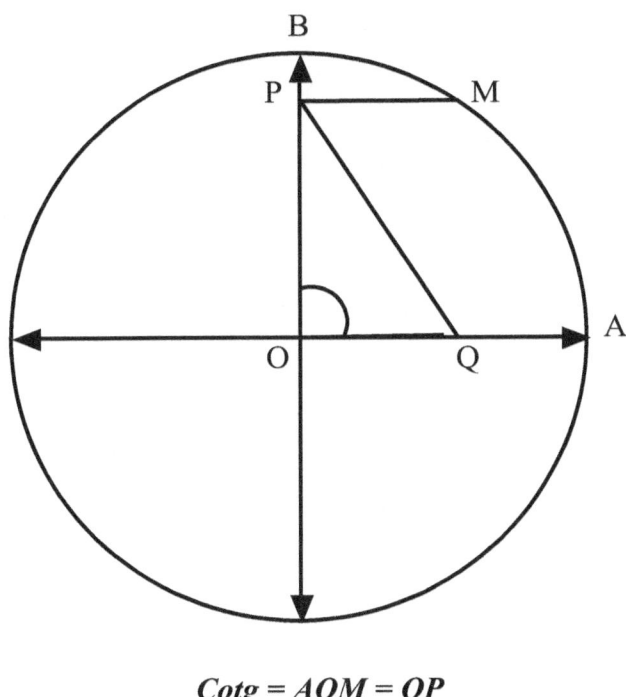

$$Cotg = AOM = \frac{OP}{OQ}$$

Tabla Trigonometrica

Grados	Sen	Tang	Cotg	Cos	Grados
0,0	0,0000	0,0080		1, 0000	90,0
1,0	0,0175	0,0175	57,290	0,9998	89,0
2,0	0,0349	0,0349	28,6400	0,9994	88,0
3,0	0.0523	0,5240	19,0800	0,9986	87,0
4,0	0,0698	0,0699	14,3000	0,9976	86,0
5,0	0,0872	0,0875	11,4300	0,9962	85,0
6,0	0,1045	0,1051	9, 5144	0,9945	84,0
7,0	0,1219	0,1228	8, 1443	0,9925	83,0
8,0	0,1392	0,1405	7, 1154	0,9903	82,0
9,0	0,1564	0,1584	6, 3138	0,9877	0,81
10,0	0,1736	0,1763	5, 6713	0,9848	0,80
11,0	0,1908	0,1944	5, 1446	0,9816	0,79
12,0	0,2079	0,2126	4, 7045	0,9781	0,78
13,0	0,2250	0,2309	4, 3315	0,9744	0,77
14,0	0,2419	0,2493	4, 0108	0,9703	0,76
15,0	0,2588	0,2679	3, 7321	0,9659	0,75
16,0	0,2756	0,2867	3, 4874	0,9613	0,74
17,0	0,2924	0,3057	3, 2709	0,9563	0,73
18,0	0,3090	0,3149	3, 0777	0,9511	0,72
19,0	0,3256	0,3443	2, 2042	0,9445	0,71
20,0	0,3420	0,3640	2, 7445	0,9397	0,70
21,0	0,3584	0,3839	2, 6051	0,9336	0,69
22,0	0,3746	0,4040	2, 4751	0,9272	0,68
23,0	0,3907	0,4245	2, 3559	0,9205	0,67
24,0	0,4067	0,4452	2, 2460	0,9135	0,66
25,0	0,4226	0,4663	2, 1445	0,9063	0,65
26,0	0,4384	0,4877	2, 0503	0,8988	0,64
27,0	0,4540	0,5095	1, 9622	0,8910	0,63
28,0	0,4695	0,5317	1, 8807	0,8829	0,62
29,0	0,4848	0,5543	1, 8040	0,8746	0,61
30,0	0,5000	0,5774	1, 7321	0,8660	0,60
31,0	0,5150	0,6009	1, 6643	0,8572	0,59
32,0	0,5299	0,6249	1, 6003	0,8480	0,58
33,0	0,5446	0,6494	1, 5399	0,8387	0,57
34,0	0,5592	0,6745	1, 4826	0,8290	0,56
35,0	0,5736	0,7002	1, 4281	0,8192	0,55
36,0	0,5878	0,7265	1, 3764	0,8090	0,54
37,0	0,6018	0,7536	1, 3270	0,7986	0,53
38,0	0,6157	0,7813	1, 2729	0,7880	0,52

Grados	Cos	Cotg	Tang	Sen	Grados
39,0	0,6293	0,8098	1,2349	0,7771	0,51
40,0	0,6428	0,8391	1,1918	0,7670	0,50
41,0	0,6561	0,8693	1,1504	0,7547	0,49
42,0	0,6691	0,9004	1,1106	0,7431	0,48
43,0	0,6820	0,9325	1,0724	0,7314	0,47
44,0	0,6947	0,9647	1,0355	0,7193	0,46
45,0	0,7071	1,0000	1,0000	0,7071	0,45
Grados	Cos	Cotg	Tang	Sen	Grados

Anexo #3

William Gilbert

(Colchester, Inglaterra, 1544 - Londres, 1603) Físico y médico inglés. Fue uno de los pioneros en el estudio experimental de los fenómenos magnéticos. Estudió medicina en la Universidad de Cambridge, viajó por Europa durante algunos años, y en 1573 regresó definitivamente a Inglaterra, en cuya capital ejerció la medicina.

William Gilbert pronto consiguió amplia fama como médico y como científico: en 1589 era uno de los comisarios encargados de la dirección de la Pharmacopeia Londinensis, obra que no vio la luz hasta 1618.

En 1601 fue nombrado médico de la corte; a la muerte de la reina **_Isabel I_** *(marzo de 1603), su sucesor* **_Jacobo I Estuardo de Inglaterra_** *le confirmó en el cargo. Ese mismo año fue nombrado miembro del Real Colegio de Médicos, pero Gilbert murió poco después. Fue sepultado en Colchester, donde se le erigió un monumento sepulcral.*

Para la posteridad ha quedado sobre todo como un notable astrónomo y físico: fue uno de los primeros que aceptó en Inglaterra el heliocentrismo de **_Copérnico_**. Es notable su obra De mundo nostro sublu-

nari philosophia nova, publicada después de su muerte por su hermano (Amsterdam, 1615). En ella, además de defender con vehemencia el sistema copernicano, aventuró como hipótesis que las estrellas fijas pueden encontrarse a diferentes distancias de la tierra, y no en una única esfera; pero su fama se apoya especialmente en sus estudios sobre el magnetismo contenidos en El imán y los cuerpos magnéticos (De magnete magneticisque corporibus).Esta obra, que Galileo ca lificó de fundamental, fue publicada en Londres en 1600 y debe consi derarse como el primer tratado importante de física aparecido en Inglaterra. Gilbert compiló en ella sus investigaciones sobre cuerpos magnéticos y atracciones eléctricas.

Gilbert distingue netamente los fenómenos eléctricos de los magnéticos, refiriendo los resultados de algunas de sus experiencias dirigidas a demostrar que el hierro, al ser frotado por cuerpos electrizados como el diamante, no presenta fenómenos magnéticos. Con este propósito introdujo el autor nuevos términos que serían después usados corrientemente en la física ("polos magnéticos", "fuerza eléctrica", "cuerpos eléctricos y no eléctricos"). Al mostrar que el hierro, a altas temperaturas, no presenta alteraciones magnéticas, se adelantó a los modernos descubrimientos de **los Curie**.

Gilbert descubrió además que la aguja de la brújula apunta al nortesur y gira hacia abajo debido a que el planeta Tierra actúa como un gigantesco imán; hay que entender la atracción sólo como un caso particular de la atracción magnética entre polos opuestos. Construyó, con fines experimentales, un pequeño globo magnético llamado <u>Terre lla</u> *que mostraba la orientación de la aguja magnética de las brújulas en la dirección de los polos y explicaba la variación de la declinación en función de la posición de la brújula.*

Libros publicados por el autor:

1. *Canto al Amor (Poesías, cartas, y poemas-2001)*
2. *Canto a la Humanidad (Poesía-2002)*
3. *Reflexiones Filosóficas (Texto-2003)*
4. *Cuarta Dimensión (Texto-2005)*
5. *Singing to Love (Poetry-2006)*
6. *Mundo Invisible (Texto-2014)*
7. *Los Mitos de la Religión (Texto-2016)*
8. *Inventos e Inventores (Texto-2016)*
9. *Energética (Texto)2018)*
10. *Médium (Texto-2023)*

www.ingramcontent.com/pod-product-compliance
Lightning Source LLC
Chambersburg PA
CBHW020422220526
45464CB00002B/530